香港非物質文化遺產系列

涼茶

鄧家宙　著

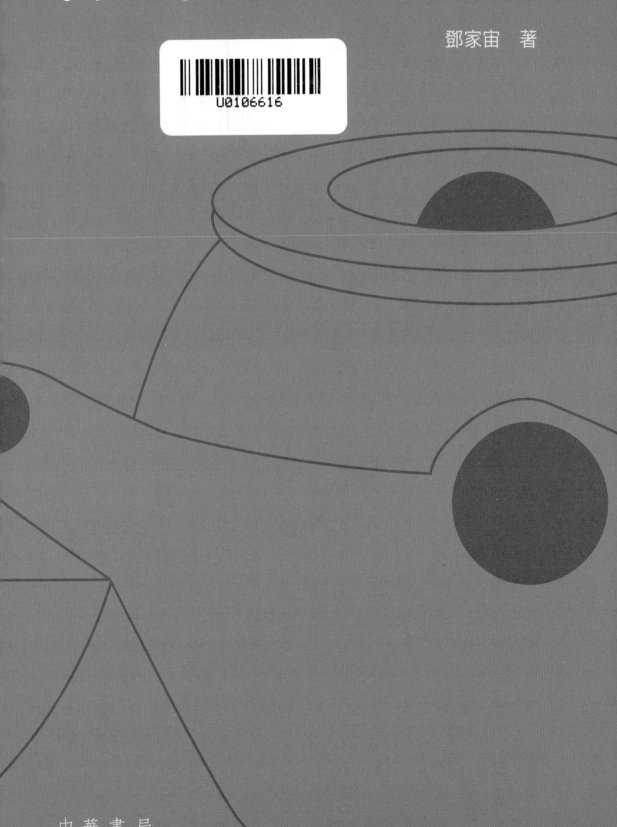

中華書局

目錄

前言
涼茶古今談

涼茶是草藥加水熬製的茶水，主要在中國嶺南地區包括廣東省、廣西壯族自治區、香港、澳門，以及台灣等地流行。

這些地區之所以有涼茶，因其地理及氣候使然。嶺南地區位處中國南部，指「五嶺」（萌渚嶺、都龐嶺、越城嶺、大庾嶺及騎田嶺）以南一帶，橫跨廣西東部至廣東東部的大面積地區，北接江西及湖南兩省，東接福建省。地理上具有熱帶及亞熱帶季風海洋性氣候的特點，屬熱帶濕潤性季風氣候及熱帶氣候兩種。這些氣候使嶺南地區天氣炎熱，多雨潮濕，濕氣與熱氣濃重，加上雜毒而導致疫癘，即所謂「瘴氣」，瘴氣是多種不同疾病的總稱，在瘴氣重的地區生活，容易影響身體健康。

瘴氣是濕氣和熱氣所致，加上多雨潮濕使水質偏燥熱，飲用水及氣候均使人體容易「聚火」及「聚濕」，這些有害元素影響身體，在中醫的角度稱之為「濕重」、「上火」或「濕熱」，這些影響，若以疾病形式在身體中「發」出來時，就會導致不同部位的不適或反應：

濕重：腹瀉、口氣、四肢乏力、精神不振、關節痛等
上火：咽喉腫痛、牙肉痛、眼睛紅腫、口腔潰瘍等
濕熱：暗瘡、腸胃炎、皮膚病等

中醫藥學理中除了辨證施治的療法外，涼茶就可針對這些症狀而預防疾病或提供便宜的療法，從以下幾方面發揮：

解表清熱：針對感冒、上呼吸道感染、瘧疾及多種傳染病前驅期症狀；

涼血清熱：降血壓、止鼻血等；

化濕清熱：針對腸胃炎、肝膽等消化系統疾病；

利尿清熱：針對泌尿道感染；

解毒清熱：針對扁桃腺炎、喉炎、腮腺炎及皮膚瘡癤等。

在中醫的角度，人體是由「氣」、「血」及「津液」組成，這些是人之為人的物質、動力及能量，這些物質會互相作用以維持生命。可是，濕熱病邪會阻遏氣機（即體內「氣」的運動），損耗氣及津液而導致上述的症狀。由於這些症狀較為普遍，而且並非特殊疾病，中醫師通常就地取材，會以藥性寒涼、祛濕解毒及清熱生津的中草藥，煎煮成茶湯直接飲用。由於這些茶湯藥性較為溫和，針對的病症亦不必需要特別的辨證，而且其功效亦較近乎保健而非治療，除非有特殊原因如懷孕或藥性過敏等，否則均適合大眾飲用。慢慢地，涼茶成為一種普及的飲品，在不同季節飲用不同涼茶作保健之用，逐漸成為一種嶺南地區特有的習俗。

中藥分有四氣五味、升降浮沉、歸經及毒性等特性。所謂「四氣」，指寒、涼、溫及熱四種藥性；五味則指鹹、辛、苦、甘及酸五種味道。升降浮沉指藥性發揮時的趨向，相對於疾病的趨勢而言，將病毒以上升、下降、浮散及沉疴等方式排除於體外。

至於歸經，指不同的中藥會以不同的臟腑為依歸。毒性是指藥物對身體的有害性質，屬於藥物的偏性。這些歸納起來就是藥物的藥性。不同的藥有不同的藥性，保健的涼茶或是治療的藥湯，中藥都相當講究「配伍」，不同中藥的組合，可以提升藥效，抑制某種藥物的毒性，或者有相同功效的藥物但對不同的臟腑產生最大效果等。

幾乎所有天然物品皆可用作中藥，中藥材可分為植物、動物及礦物三種，涼茶以嶺南地區常見的中草藥（植物類藥材）煎煮而成，如上所述，針對嶺南地區濕氣熱氣濃重的地理氣候，用於涼茶的中草藥均以藥性寒涼的草藥為主。這些草藥，往往有消暑清熱、祛濕、解毒、利尿及健脾胃等功效，在冬天寒冷乾燥時則會有滋潤、護喉利咽、潤肺等效果，均以預防疾病為目的。

香港地屬嶺南濱海地區，屬於亞熱帶氣候，春夏兩季炎熱，極為潮濕，秋冬兩季乾燥，情況比華南內陸地區更為嚴重。濕熱的天氣影響人體，香港人長久以來都有飲用涼茶的習慣，常見的本地涼茶有廿四味、五花茶、火麻仁、夏枯草茶等等，藥材及功效各有不同。雖然涼茶在廣東、香港、澳門以至東南亞地區均屬普遍，但在香港，無論涼茶的種類、生產、銷售及發展，自有一道獨特的風景。

二〇〇三年，聯合國教育、科學及文化組織（聯合國教科文組織）通過《保護非物質文化遺產公約》。二〇〇四年八月，中國確認加入《公約》，由於香港並非獨立國家，所以未能加入《公

約》，但同年十一月，香港特別行政區政府宣佈《公約》適用於香港。二〇〇五年三月，中國國務院辦公廳頒佈《關於加強我國非物質文化遺產保護工作的意見》，提倡設立國家級和省、市、縣級非物質文化遺產代表作名錄，而涼茶就於二〇〇六年五月列入第一批「國家級非物質文化遺產代表作名錄」，由粵、港、澳三地共同申報。

二〇〇六年香港展開非遺普查，至二〇一四年六月，得到政府確認後，公佈「香港首份非物質文化遺產清單」，清單包括四百八十項香港非物質文化遺產，涼茶為第 4.1.1 項。由於涼茶早在二〇〇六年已納入國家級名錄，因此於二〇一七年八月自動成為「香港非物質文化遺產代表作名錄」。

根據《公約》，非物質文化遺產分為五個範疇：
一、　口頭傳統和表現形式，包括作為非物質文化遺產媒介的語言；
二、　表演藝術；
三、　社會實踐、儀式及節慶活動；
四、　有關自然界和宇宙的知識和實踐；
五、　傳統手工藝。

涼茶屬於第四範疇，即人類與自然之間的關係，對於自然環境（以植物作為草藥）的知識，並使用這些知識為人體起保健作用。作為「非物質文化」，並非指涼茶這「製成品」而言，而是透過對自然的探索與理解，發展出一種於人體有利的做法與過程。

［前言 涼茶古今談］

涼茶的起源、種類及演變

　　涼茶的發源於今難以考證，但於香港而言，亦可從地方志、老字號、殖民政府憲報等查出相關最早資料。非物質文化遺產中的涼茶由粵、港、澳三地共同申報，但本研究計劃以香港涼茶為軸心，探討涼茶在香港的歷史、種類、發展及文化（當然會涉及到粵港澳三地的互動關係）。

　　涼茶是一種深入民間的生活飲品，飲涼茶相信是大部分家庭都會使用的保健及預防疾病的方法。亦因如此，涼茶（尤其在香港）的起源就更難考證，最早有關涼茶的資料，是至今仍廣為人知的「王老吉涼茶」，「王老吉」也是有記錄最早將涼茶當作商品的商業品牌。

　　這樣同時帶出了一種涼茶與社會的關係，例如將涼茶變成商品時，即意味着一般家庭未必能負擔煎煮涼茶的時間及空間，或者如十九世紀中、末葉的上環太平山街狀況，由於當地聚居的多是單身男子，所以在保健的市場需求中，涼茶成為不可或缺的商品。家庭或許會選擇購買涼茶包或藥材自行煎煮，但涼茶成為一門生意後，卻能為更廣的民眾層面提供服務，所以涼茶這種民間習俗得以保存及發展，在香港至今仍回應着社會的需要，涼茶舖的出現是必要而且充分的條件。

　　涼茶在嶺南地區以至中國台灣及東南亞等地區廣為流行，因為氣候、水土及地道藥材等各有不同，所以不同地區亦有不同

的涼茶。單單是在香港，常見的涼茶已有十多種，例如常見的廿
四味、五花茶、銀菊露及火麻仁等，均是以清熱祛濕為主，這些
涼茶在不同的涼茶舖可能在處方上略有差異，但功效大致大同小
異。亦正因有多種涼茶，配合中草藥有歸經的特性，不同的涼茶可
能可針對不同部位而發揮功效。涼茶的根本是祛濕清熱，但不同
的涼茶就可以針對不同身體部位的濕熱來進行調理，例如皮膚、
脾胃、肝膽等不同部位的濕熱，就可飲用不同的涼茶以作調理。

因此，研究內容中，會先界定涼茶的種類，由最基本的中醫
藥理論開始，得出中草藥保健養生的歷史及方法，從而介紹不同
種類的涼茶，有的屬於單味藥材煮成，有些則由複方煎煮而成，
以中草藥的理論來看，則廣義上的涼茶甚至可以包括花茶、果茶
及蔗汁等等，只要合乎中醫藥中涼茶之為「涼」的意思，就可以
算在內。當界定涼茶的種類後，就會將涼茶分作兩個面向：

1. 家庭自行採購藥材，回家煲煮
2. 涼茶舖的處方
  a. 所謂「祖傳秘方」
  b. 同一種涼茶的不同處方，包括其來源、理論及功效
     （例如某些涼茶舖的雞骨草配方會加上薄荷，有些會
     強調加入紅棗等）

介紹處方後，就須探討涼茶的煎煮過程，由藥材的炮製開
始，將生草藥製成可煎煮用的飲片（湯藥），然後就是不同藥材
的配伍原理，如何由此幾種藥材達致最佳的「藥性」，藥材之間

是否有互相抑制的作用等，並藉此介紹煎煮涼茶的用具。

涼茶舖的形成、產品及格局

當涼茶成為商品時，涼茶舖這個獨特的行業就應運而生，亦成為香港一道獨特的風景，使涼茶具有一個大眾文化的面向。

涼茶舖最早於何時在香港開始經營，是否有所謂香港第一間涼茶舖，於今難以查考，但現存有記錄最早的涼茶舖是「王老吉涼茶」，其起源、與香港的淵源、處方及發展，現仍有資料可供查證，這個品牌至今屹立不倒，也反映出涼茶在香港的需求以及發展，如何因應社會變遷，而在營運及產品上作出變革。這種涼茶的命名，早已與品牌名稱不可分割，一般人都只知那種深褐色的茶湯有清熱解暑之效，入口微甜，可冷熱飲。另一邊廂，由中醫師處方用以治療疾病的中藥，香港人也會稱為涼茶或「苦茶」，可是，即使稱呼上相同，也未造成概念上的混淆，一般人都清楚知道，所謂「涼茶」，如果不需就診，毋須特定經由中醫師處方，皆指有保健及調理身體功效的那種。

研究內容其中的一個重要部分，就是列舉香港常見的涼茶，並找出其起源、處方及效用，這些涼茶及種類，包括但不限於以下：

葛菜水、銀菊露、夏桑菊、五花茶、夏枯草茶、廿四味、崩大碗、火麻仁、雞骨草茶、祛濕茶、茅根竹蔗水、感冒茶、酸梅湯及龜苓膏（茶）等。

　　研究內容既要記錄涼茶的種類及功效，不免要查找這些涼茶的處方，並羅列所用藥材，包括來源地、功效及藥性等，尋找出「地理 — 氣候 — 物種 — 人體」的關係，為非物質遺產中「有關自然界和宇宙的知識和實踐」提供基礎。要對這些涼茶進行調查，除了要翻查醫書外，研究過程必須走訪香港現存的涼茶舖，這些涼茶舖散佈香港各區，多是獨自小本經營的生意，亦有連鎖式經營的商戶，當中更有創立超過半世紀的「老字號」。

　　雖然涼茶舖散落香港各區，看似各自為政，但事實上一九四一年曾有商人成立「港九生藥涼茶商聯總會」，是少有跟涼茶相關的工會。每間涼茶舖自有其獨特性，最顯而易見的，就是該舖所選擇煎煮的涼茶，有些專賣葛菜水，有些有獨門秘方的涼茶等等，及如上所述般，在本有的處方中加以改良（如在夏枯草茶中加入藥材綿茵陳），一方面增強該種涼茶的功效，另一方面可查找出店主所信奉及秉持的醫理，更可逐步探討涼茶舖與該社區的關係。

　　涼茶舖作為一門生意，是將涼茶帶到一個大眾文化層面。這跟家常的保健湯水及醫師處方的中藥苦茶有別，一九六〇年代涼茶舖更是日常社交的去處，亦是流行文化的一個重要傳播點。二十世紀中葉的涼茶舖，跟一些獨特行業一樣，舖面均有標誌性的物件以作識別，例如理髮店門前有個紅白藍三色的旋轉燈，涼茶舖則往往設有三數個大銅壺以盛載涼茶，這些銅壺多以圓潤線條的膽形設計，或者葫蘆形狀，市民即使不能認字，亦可以這些大銅壺識別出店舖是涼茶舖。

由於涼茶舖多以小本家庭作業模式經營，所以很多涼茶舖的格局都採用「前舖後工場」的設計，工場煎煮三數鍋涼茶，煎好後就端至前方舖面，舖面設有幾張桌子，門口設有長桌，上方擺着盛載涼茶的銅壺，分門別類，顧客可悉隨尊便，或坐店內，或站門外光顧。當時的涼茶舖之所以是流行文化的傳播點，皆因店內多設有收音機或電視機，客人可以在低廉的消費中與坊鄰好友聯誼，亦可收聽廣播，包括新聞節目、天空小說、廣播劇、粵劇節目以至體育賽事等，是一個流行文化的傳播及交流場所，基於涼茶有保健作用，對身體有益，而且價廉物美，光顧涼茶舖在當時成為普羅市民的一種生活情趣。

二十世紀初在香港街頭的涼茶檔。（作者藏品）

　　雖然一般涼茶舖所售賣的涼茶都屬甜味，如菊花茶、夏枯草茶及竹蔗茅根等，但亦有苦味涼茶供應，畢竟「良藥苦口」是中醫藥中一個深入民心的觀念。苦味涼茶包括廿四味，以及一些聲稱是「祖傳秘方」所得的感冒茶和祛濕茶等，因此就衍生出涼茶相關的附屬產品。人們飲用苦味涼茶後，喜以酸甜口味的涼果作爽口之用，這些產品如陳皮梅、嘉應子及山楂餅，涼茶舖或藥材舖通常會免費贈送予顧客，均可視作依附於涼茶、又不影響涼茶效用的產品，因此，在本計劃內也會附帶探討「涼果」（涼果是指將各種瓜果經過醃製、蜜煉或糖煮式浸製再乾燥後製成的果品）。這些涼果中，當以八仙果的原理為最接近涼茶，其他如甘草檸檬、甘草欖、甘草梅及杏脯等，以甘草醃制的果品，既可作零食，又可佐以苦茶，有些更是本身就有保健功效的食物，亦是涼茶作為大眾文化中的重要元素。

　　涼茶所用的藥材一般並非貴價藥材（亦有少數如龜苓膏之使用的貴藥品），成本及售價低廉。在商言商的話，涼茶舖在香港面對最大的問題是租金，地舖的租金持續飆升，加上社區重建，不少老字號涼茶舖亦敵不過時代的洪流而宣佈結業，例如油麻地的「春和堂」（又名單眼佬涼茶）及其位於旺角的分店，即使已是「百年老字號」亦無奈於二〇一八年結業。有些會選擇遷往別區，在計算成本效益下以求繼續經營，例如「周家園涼茶」，由荃灣遷至鴨脷洲大街，無奈放棄原本多年來建立的社區關係。

不同年代的涼茶舖

正如之前提到，涼茶的發展可以粗略分作數個階段。第一個是指日常家庭自行煎煮的涼茶，指一般人都知道涼茶的處方，或者到藥材舖可直接購買涼茶材料，市民只要到藥材舖說出涼茶名字，店員就會「執藥」，配出相應的處方，這是市民自行回家煎煮的階段。接着就是涼茶舖直接提供涼茶，以供市民選擇，省卻自行煎煮的時間。而當涼茶舖這行業漸見困難，市場上開始出現新式的涼茶舖，甚至有連鎖式的涼茶店，以多樣化的產品作招徠。

所謂「新式涼茶舖」，可能其創業之初就是賣涼茶，但發展到後來涼茶卻成為了第二線的產品，例如「許留山」，於一九六〇年代就創設，初期是以手推車的形式，在街頭販售龜苓膏及涼茶。可是，至八十年代，許留山已開始售賣糖不甩及蘿蔔糕等小食，其涼茶舖的業務開始轉型，後來到九十年代，提起「許留山」，或許更多人將其定性為「甜品店」而非涼茶舖，涼茶只是店內有售而且頗不起眼的產品而已。

這種情況也見諸傳統的涼茶舖，只是涼茶仍為舖內的主要產品，但為了招徠更多生意，也得售賣點心如茶葉蛋、砵仔糕、燒賣魚蛋等小食以「擴充業務」。從手推車到店舖，再到產品多元化，是一道社會發展的獨特景觀，面對營運壓力而不斷轉變模式，涼茶或涼茶舖的「供應」如何回應社會的需求，是探討香港涼茶不可忽略的切入點。

　　另外，連鎖式的涼茶店，另一間必需提及的是海天堂。海天堂以「鮮製龜苓膏」作招牌，自一九九〇年代起逐步發展，千禧年後已是一家分店遍佈海外的連鎖式涼茶連鎖店，其產品亦可謂與時並進，最值得記錄的，是其推出的龜苓膏軟糖及一系列涼茶口味的軟糖，是涼茶產品的重要革新。

　　廿一世紀後，涼茶這概念已不再限於家庭煎煮或到涼茶舖飲用，除了上述的軟糖外，市面開始流行瓶裝涼茶。事實上，早期將涼茶包裝成罐裝飲料的就是王老吉涼茶，其後有楊協成（新加坡公司，於中國福建創立）的清涼茶，均是將罐裝涼茶帶入市場，涼茶再不單單是一種「中醫藥保健」的概念，而是成為輕便飲料，從而令涼茶更為普及。現在，涼茶舖已是「買少見少」，不是社區內的必需品，而許留山及海天堂等所謂「新式涼茶舖」也已大不如前，可是，將涼茶變成普通飲料逐漸成為一個大趨勢。

　　所以，在新式涼茶店之後，涼茶的另一個階段就是成為輕便飲料。這種現象，可謂符合社會需要的變更。首先，煎煮涼茶頗為費時，動輒需要一小時或以上，加上藥材舖已不是社區內必然存在的店舖，要備購涼茶料包，在工作繁忙的當代社會甚有難度，所以家庭自行煎煮涼茶逐漸式微，連帶涼茶舖式微，涼茶生產商就想到生產瓶裝涼茶，除了在自家店舖發售，更可在街邊士多及超級市場購得。這些瓶裝或盒裝涼茶，在市場上較為常見的品牌就有清心棧、健康工房及鴻福堂，這些生產商售賣多款涼茶，例如夏枯草、蘋果茉莉、雪梨茶及山楂茶等，供市民選擇。

　　然而，在大量生產的過程及市場考慮中，涼茶的處方變得一成不變，難以在同一種涼茶中作出調整，即不同涼茶舖的「紅

棗雞骨草」或「薄荷雞骨草」就難以出現在大量生產的涼茶產品中。而且，在生產商品的考慮中，為求延長涼茶的保質期和保存期，以及迎合大眾口味，亦不得不在涼茶中加入添加劑，例如萃取物、味道添加劑及糖份，以致生產涼茶雖仍保持涼茶之質，但也得顧及商業考慮而在涼茶中增添化學元素。

另一邊廂，除了包裝飲品外，在中藥的發展中，因應現代人難以耗費時間煎煮涼茶的前提下，更有生產商出產涼茶顆粒沖劑，將涼茶的材料經過加工，製成顆粒分作小包，飲用者只需用熱水沖泡溶解顆粒，就可以飲用涼茶。這種做法跟包裝飲料相似，均是以節省用家時間為主，但就消除了涼茶的可變性。

一九九九年，政府通過《中醫藥條例》，立法規管香港中醫藥，但涼茶卻不屬《條例》的規管範圍，法例只規定，發售涼茶及瓶裝飲料，須向食物環境衞生署署長申請「綜合食物店牌照」或「售賣限制出售食物許可證」中的「涼茶許可證」，並將涼茶的處方及分量交予署長審核。自此，政府條例中就有為涼茶立下的定義，何謂「涼茶」除了民間普遍的認知外，亦開始有個官方的說法。

小結

涼茶作為「有關自然界和宇宙的知識和實踐」的非物質文化遺產項目，在香港經歷百多年有史料佐證以來，算是歷久不衰，但當中的變遷亦算不小。這些變遷亦可理解成與時並進，由家常

的保健法門，變成大眾文化的一部分，再演變成「新式涼茶舖」將涼茶帶入潮流，至今以瓶裝、盒裝或罐裝飲料的形式融入日常生活，涼茶的保健或預防疾病的效用一直備受肯定，而且隨着應用與科學探究，人們對涼茶物種的認識與應用會持續增長，產物亦能與時並進，可見傳統涼茶亦極具生命力。

本書旨在探討涼茶的發源及發展，在香港這個獨特的環境中，涼茶如何因應社會需要而不斷改良及變革，同時亦透過現存的涼茶舖資料，窺探本地涼茶文化的發展軌跡、昔日的涼茶舖風貌、涼茶如何從一種「入屋」的家常文化轉變到大眾文化的過程等，藉以顯映香港這個獨特平台如何提供發展養份，成就出一種屬於「香港的」涼茶文化。

內容方面，本書以「香港涼茶」為主題，探討涼茶在香港作為商品的發展。篇章包括：

一、涼茶的歷史與源流
二、涼茶與醫藥保健的關係
三、涼茶及其原料的種類與應用
四、從生草藥到供應鏈：香港涼茶貿易
五、本地涼茶製作技術與類型
六、本地涼茶的發展：由食品到商品到寶號
七、香港製涼茶人與行會
八、香港涼茶的週邊文化
九、香港涼茶的傳承與開新
十、涼茶與粵港澳非物質文化遺產

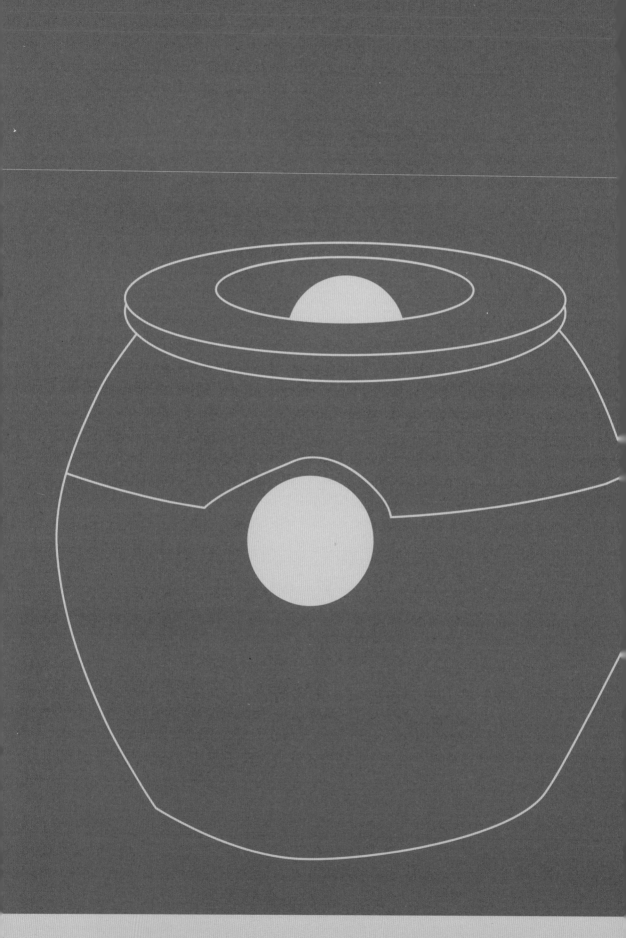

第一章

涼茶的歷史
與源流

第一章 涼茶的歷史與源流

嶺南：涼茶的「發源地」

《嶺南風物記》云：「嶺南天氣常如三四月時，夏多雨則不熱，秋無雨則甚熱，東坡云：四時皆似夏，一雨便成秋。許丁卯集云：江南帶日秋偏熱，海雨隨風夏亦寒。皆實錄也。」

涼茶起源於何時，由何人「發明」，至今已沒法考證，唯一可以肯定的是涼茶發源於中國南方的嶺南地區，是在嶺南地區生活的人，因應這片土地的地理和氣候，以自然資源對人體作出適當調理的產物。

涼茶是藥材加水熬製的茶水，與中國醫術的理論頗有關連。如上所述，涼茶主要在嶺南地區包括廣東省、廣西壯族自治區、香港、澳門，以及台灣等地流行，是南方重要而且獨特的文化。嶺南地區位處中國南部，指「五嶺」（萌渚嶺、都龐嶺、越城嶺、大庾嶺及騎田嶺）以南一帶，橫跨廣西東部至廣東東部的大面積地區，北接江西及湖南兩省，東接福建省，西接雲南省。地理上具有熱帶及亞熱帶季風海洋性氣候的特點，屬熱帶濕潤性季風氣候及熱帶氣候兩種。

開首一段《嶺南風物記》，載於清乾隆年間之《欽定四庫全書》中〈史部十一‧地理類八‧雜記之屬〉，簡述嶺南地區的氣候，不論其「四時皆似夏」、「一雨便成秋」，或是「熱帶濕潤性

季風氣候」等，皆透露了嶺南地區獨有的氣候環境，與中醫理論中的「濕」與「熱」息息相關，亦是這地區慢慢發展出涼茶這種產物的原因。

嶺南地區幅員廣闊，因地理關係，氣候也大致分為上述兩種，沿海地區與高山地區也會有顯著的分別，嶺南地區內不同位置，因地理氣候不同而有獨特的水土，以致即使廣為流行的涼茶，亦會有因應當地的藥材，和針對不同效用而有所不同。在氣候層面而言，《嶺南風物記》所載雖然籠統，但也透露了氣候可算作是「發明」涼茶的起源之一。

香港位處廣東沿岸，屬嶺南地區一部分，明朝萬曆元年（一五七三年）於廣東東莞縣另設新縣，命名為新安縣，香港地區屬新安縣範圍[1]，由廣州府管轄。明萬曆十四年（一五八六年）第一次纂修完成《新安縣志》，此後直至民國時期一九三〇年的《寶安志例言》[2]，《新安縣志》前後共重修增補了七次，書中有關此地區的氣候有詳細描述如下：

> 「粵為炎服，多燠而少寒，三冬無雪，四時似夏，一雨成秋，其舒早，其肅遲，邑介歸、莞之間，西南濱海，厥土塗泥，水氣上蒸，春夏淫霖，庭戶流泉，衣生白醭，即秋冬之間，時多南風，而礎潤地濕，人腠理[3] 疏而多汗，諺曰：急脫急着，強於服藥，此氣候之大較也。」

[1] 劉智鵬、劉蜀永編：《〈新安縣志〉香港史料選》，香港：和平圖書有限公司。2007 年。〈前言〉。

[2] 民國時期，新安縣改稱「寶安縣」，同上註。

[3] 腠理指皮膚及肌肉的紋理，是滲洩液體、流通和合聚元氣的場所。因此《新安縣志》中形容人多汗的原因為「腠理疏」。

「四時似夏，一雨成秋」，就是《嶺南風物記》內的描述，可是除「熱」之外，《新安縣志》中對這種氣候的「濕」有更多的描述，春夏兩季過量的雨水以致潮濕，使衣服長出白色的霉菌（衣生白醭），即使在秋冬之間，亦會有南風，南方為海，南風是潮濕的風，所以「礎潤地濕」，人體亦會多汗。

嶺南地區人士慢慢發現，這種「濕」和「熱」的氣候，往往導致身體的小毛病，所以根據醫理，從大自然中就地取材，以熬煮茶湯的方法，祛除這些小毛病，或是預防這些小毛病而導致更嚴重的疾病。有學者指出，涼茶的起源就在於嶺南人士有意識地以水煲煮草藥，用以防病強身的時候 [4]，若以文獻為依據，可追溯至元代醫僧繼洪所編輯之《嶺南衛生方》，蓋在此書中所記，嶺南「既號炎方，而又瀕海，地卑而土薄。炎方土薄，故陽燠之氣常泄，瀕海地卑，故陰濕之氣常盛。而二者相薄，此寒熱之疾，所由以作也。」對於人體腠理疏而多汗，衣藥飲食之類易生醭之描述，正可與《嶺南風物記》或《新安縣志》等參照。《嶺南衛生方》談及嶺南人士之病痛，亦會先述其氣候，可見氣候對人體的影響，甚至對醫治用藥的影響相當直接。

中醫認為「熱者寒之」，所以因應嶺南地區這種濕熱的天氣，就有寒涼之藥應對，以維持人體的平衡，《嶺南衛生方》中就提及「涼藥」數次，其一謂：

「紹興庚戌年 [5]，蒼梧瘴癘大作，王及之郎中、張鼎郎中、葛彖承議三家病瘴，悉至滅門。次年余寓居於彼，復見北客與土人感瘴，不幸者，不可勝數。余詢其所服藥，率用麻黃、柴胡、鱉甲及白虎湯等。其年余染瘴疾特甚，余悉用溫中固下，升降陰陽正氣藥及灸中脘、氣海、三里，治十愈[癒]十，不損一人。余二僕皆病，胸中痞悶煩躁，一則昏不知人；一則云：願得涼藥清利膈脘。余辨其病，皆上熱下寒，皆以生薑附子湯一劑，放冷，（「放冷」《景岳全書》作「冷溫」。服之。）即日皆醒，自言胸膈清涼，得涼藥而然，不知實附子也。」[6]

其餘提及「涼藥」時，則多論及雖在嶺南這種「地偏而土薄，無寒暑正氣」的地方，但涼藥並不可常用，因為嶺南地區「陽常泄，故冬多暖。陰常盛，故春多寒。陽外而陰內，陽浮而陰閉，故人得病，多內寒而外熱，下寒而上熱」。[7] 意思是醫者亦得明確辨證而施藥，寒涼之藥並不一定可以解除因氣候而導致的熱病。雖然這亦是中醫施藥的道理，但根據朱鋼的觀點，《嶺南衛生方》所述的「涼藥」，就是涼茶的原形[8]，如果撰自宋元時期的《嶺南衛生方》就已有關於涼茶的記述，那涼茶的雛形，有文獻記載的時間最早就已於宋元時期出現，距今可能已有超過八百年的歷史。

[4] 朱鋼：《草木甘涼——廣東涼茶》，廣州：廣東教育出版社。2010 年。頁 9。

[5] 即宋代紹興元年，公元 1131 年。

[6] 〈李待制瘴瘧論〉，《校刻嶺南衛生方上卷》。

[7] 〈張給事瘴瘧論〉，《校刻嶺南衛生方上卷》。

[8] 朱鋼：《草木甘涼——廣東涼茶》，廣州：廣東教育出版社，2010 年。頁 9。

古醫籍中與涼茶有關的記載

　　自《嶺南衞生方》之後，明代萬曆年間有一本著名的草本學集大成著作──《本草綱目》，由名醫藥學家李時珍所編著。《本草綱目》收錄一千八百多種藥物條目，以不同病症而概括可用的藥，名為「百病主治藥」，「百病主治藥」之下逐一以病症歸類，其中就有數條頗與專針對濕熱的涼茶有關，茲錄如下：

風熱濕熱〈百病主治藥　諸風〉：

草部	甘草（瀉火，利九竅百脈。）
	黃芩、黃連、菊花、秦艽（並治風熱，濕熱。）
	玄參、大青、苦參、白蘚皮、白頭翁、白英、青葙子、敗醬、桔梗（並治風熱。）
	大黃（蕩滌濕熱，下一切風熱。）
	柴胡（治濕痺拘攣，平肝、膽、三焦、包絡相火，少陽寒熱必用之藥。）
	升麻（去皮膚、肌肉風熱。）
	白薇（暴中風，身熱腹滿，忽忽不知人。）
	龍葵（治風消熱，令人少睡。）
	麥門冬（清肺火，止煩熱。）
	天門冬（風濕偏痺及熱中風。）
	牡丹皮（寒熱、中風、瘀瘕、驚癇、煩熱，手中少陰、厥陰四經伏火。）

草部	鉤藤（肝風、心熱，大人頭眩，小兒十二驚癇。）
	紫葳及莖葉（熱風、遊風、風刺。）
	蒺藜（諸風騷癢、大便結。）
穀果	胡麻（久食不生風熱，風病人宜食之。）
	綠豆（浮風、風疹。）
	白扁豆（行風氣、除濕熱。）
	枝（釀酒，治大風瘻痺。）
	白皮（治中風，皮膚不仁，身直不得屈伸。煎酒及水服。）
	膠（一切風熱，口噤筋攣，四肢不收，頑痺周曳。便取一握同蔥白搗拘攣，身體風疹；久服終身不患偏風。）葉（煎酒）皮（毒風緩弱，毒气在皮膚中，浸酒服。）
	皂莢（能行。）
	梔子（去熱毒風，除煩悶。）
	黃柏皮葉（遠近一切風，煎汁和竹瀝服。）
	荊瀝（除風熱，開經絡，導痰涎，日中風痺，大熱煩悶，失音不語，子冒風痙，破傷風噤。養血清痰。並宜同薑汁飲之。）
	竹葉（痰熱，中風不語，煩熱。）
	天竹黃（諸風熱痰涎，失音不語。熱瘑癢。）
	犀角（大熱風毒，煩悶，中風失音。）
	羚羊角（一切熱，溫風注毒，伏在骨間，及毒風卒死，子癇痙疾。）
金石	石膏（風熱煩躁。）
	鐵華粉（平肝，除風熱。）
	鐵落、勞鐵、赤銅（並除賊風反折。燒赤浸酒飲。）

「瀉火益元」，〈百病主治藥　暑〉：

草部	黃芪（傷暑自汗，喘促肌熱。） 人參（暑傷元氣，大汗痿，同麥門冬、五味子煎服，大瀉陰火，補元氣，助金水。） 甘草（生瀉火，熟補火，與參、芪同為瀉火益氣之藥。） 麥門冬（清肺金，降心火，止煩渴咳嗽。） 黃芩、知母（瀉肺火，滋腎水。） 虎杖（同甘草煎飲，壓一切暑毒煩渴，利小便。）
果木	苦茗（同薑煎飲，或醋同飲，主傷暑瀉痢。） 石壽

「濕熱」，〈百病主治藥　濕〉：

草部	山茵陳、黃芩、黃連、防己、連翹、白朮、柴胡、苦參、龍膽草、車前木通、澤瀉、通草、白蘚、蒨草、半夏、海金沙、地黃、甘遂、大戟、萱草、牽牛（氣分。）大黃（血分。）營實根、夏枯草
穀菜	赤小豆、大豆黃卷、薏苡仁、旱芹（丸服。） 乾薑、生薑
木部	椿白皮、茯苓、豬苓、酸棗、柳葉、木槿、榆皮
介石	蜆子（下濕熱氣。） 滑石、石膏、礬石、綠礬

日常飲用的涼茶多以植物類藥材煲煮，從以上引用的《本草綱目》看，可見亦有現今常用的涼茶原料，例如甘草、菊花、柴胡、竹葉及夏枯草等。

之後，大概到清代再從醫書中見到有關涼茶的記述，清乾隆年間由何夢瑤所編之《醫碥》中，就提到：

「按薛立齋治一老人，腎虛火不歸經，而游行於外，發熱，煩渴引飲，面目俱赤，遍舌生刺，斂縮如荔枝，兩唇焦裂，或時喉間如煙火上衝，急飲涼茶少解，兩足心如烙，痰涎壅盛，小便頻數，喘急，脈洪數無倫，而且有力，捫其身烙手。」[9]

《醫碥》中提到不少「熱症」，在其〈卷之一‧雜症　發熱〉中，就有「氣乖有三」及「氣鬱有七」共十種發熱（見下圖）。

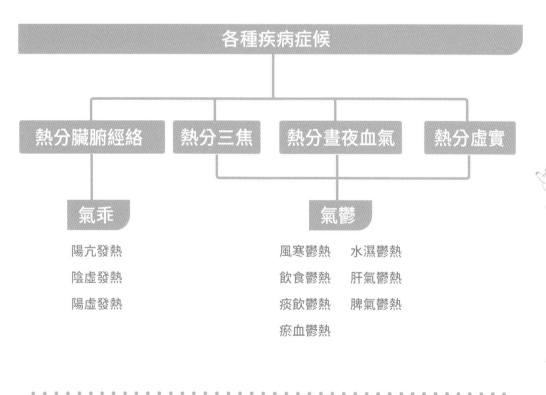

各種疾病症候

| 熱分臟腑經絡 | 熱分三焦 | 熱分晝夜血氣 | 熱分虛實 |

氣乖

陽亢發熱
陰虛發熱
陽虛發熱

氣鬱

風寒鬱熱　　水濕鬱熱
飲食鬱熱　　肝氣鬱熱
痰飲鬱熱　　脾氣鬱熱
瘀血鬱熱

［第一章　涼茶的歷史與源流］

氣乖及氣鬱分別導致熱症，這十種中又有「熱分臟腑經絡」、
「熱分三焦」、「熱分晝夜血氣」及「熱分虛實」，可見熱症變化
頗多，即使針對熱症，也有很多處理方法，而診症之後，就按照
熱症的類別而施藥，《醫碥》提到針對熱症的藥，則有丹溪清金
丸、火腑丹、清涼飲子、柴胡飲、六味地黃丸等，而藥材則多有
山茱萸、澤瀉、丹皮、山藥、麥冬、五味、附子、柴胡、黃芩、
川芎、白芷、桃仁、五靈脂及甘草等。

　　《醫碥》提到的熱症與用藥，未必是針對嶺南地區的特殊氣
候，但朱鋼指出，其中提到的清涼飲子、潤燥養榮湯等，均是早
期用以清熱解毒的涼茶 [10]。所以，即使涼茶的起源已無可考，但
從醫籍中可見，對於熱症，或者如《嶺南衛生方》中所記，早期
並不如現今般標榜涼茶，但顯然在宋元時期，人們對草本能清除
濕熱已有相當的認識，並累積成經驗和習慣，形成涼茶應用系統
的雛型。

　　涼茶歷史之所以難以考究，因為涼茶是一種大眾化產物，在
嶺南地區普遍應用的生活知識，與着重「望、聞、問、切」辯證
施治的中醫藥理論頗有不同，因此難以在醫書正式記載，也沒有
人以「著書立說」的形式將涼茶記錄下來。

　　另一原因是，涼茶頗受地理環境所限。因嶺南地區屬南方，
跟歷朝歷代建都的「中原」都有一定距離 [11]，且受五嶺所區隔，

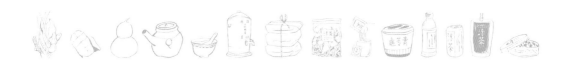

以致嶺南地區獨特的文化難以直接流傳為大宗，官方所編的醫書亦因其不針對疾病而未詳加記載，加上涼茶是名副其實「家傳戶曉」的產物，在嶺南地區家家戶戶流傳，其傳播範圍受限於本地的需求，涼茶不針對個別疾病，而是針對因氣候而對人體所造成的壞影響，只要藥材配伍得宜，煎出的藥湯沒有毒性，涼茶的配方甚至可以靈活調整（配方後章再詳），使同一種涼茶兼具多重功效。

涼茶成為商品

涼茶也不囿於家庭式的製作，在嶺南地區涼茶可以發展成商品，隨之牽涉到「涼茶舖」這個行業。跟涼茶一樣，涼茶舖（即將涼茶製品包裝成商品，以「水碗茶」或涼茶包的方式出售的商店）的歷史已難以考證，但目前已知最早將涼茶包裝為商品的應是「王老吉」。

[10] 朱鋼：《草木甘涼 —— 廣東涼茶》，廣州：廣東教育出版社，2010 年。頁 10。根據【宋】《太平惠民和劑局方》卷十的記載，清涼飲子的藥材為：當歸（去蘆，酒浸）、甘草（炙）、大黃（蒸、焙）、赤芍藥各等分。主治小兒血脈壅實，臟腑生熱，頰赤多渴，五心煩躁，睡臥不寧，四肢驚掣；哺乳不按時，寒溫失度，腸胃不調，嘔吐，大便秘結；碩面生瘡癤，目赤咽痛，瘡疹餘毒。

潤燥養榮湯的藥材為當歸（酒洗）、生地黃、熟地黃、芍藥（炒）、黃芪（酒炒）秦芄、防風、甘草。主治火爍肺金，血虛外燥，皮膚皺揭，筋急爪枯，或大便風秘。

[11] 北宋定都汴梁，即今河南省開封市。南宋定都臨安，今浙江杭州市。元代定都大都，即今之北京。明代分別定都應天府（今南京）及順天府（今北京）。清代分別定都遼陽、瀋陽及北京。

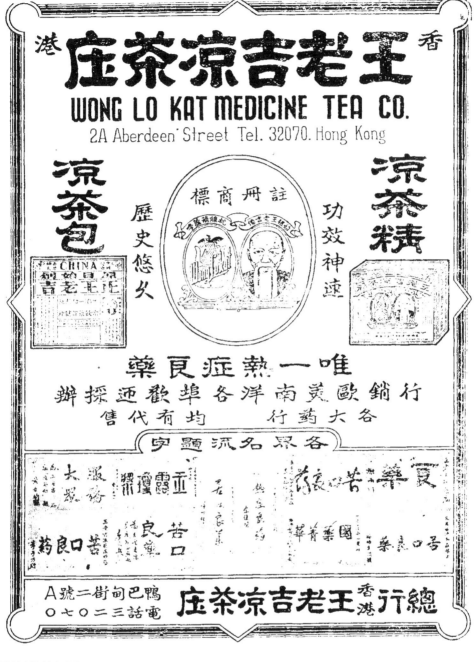

王老吉凉茶庄广告。

　　王老吉的起源，可以參考其後人王健儀記述王老吉數代事跡的半小說體著作《創業垂統》[12]。王老吉原名王澤邦，號吉，生於清嘉慶十八年（一八一三年）。道光年間因為廣州（省城）疫症蔓延，王澤邦帶同家眷到山上避疫，當晚上家人入睡之時，忽然有一個道士出現在王澤邦面前，並將一條藥方交予他，稱此藥方可醫治百病。王澤邦起來後果然見手握一張藥方，翌日告知妻子，由於王澤邦以務農維生，並不認識醫藥之理，於是回到省城將藥方交予醫師歐陽昌，歐陽昌表示藥方上的藥材難以在廣州尋得，加上疫情影響農作物失收，如需集齊那些藥材，則需到廣西桂林採購。

　　王澤邦在桂林遇到獲得藥材的機會[13]，那些藥材包括崗梅根、淡竹葉、布渣葉、青蒿及五指柑。這些當時王澤邦只能從桂林搜購得來的藥材，其藥性及藥效等茲見下表：

[12] 王健儀：《創業垂統》（第二版），香港：王老吉涼茶庄，1987 年。該書序文中表明：「若要詳盡闡明每一代的軼事，確非三言兩語可交待得到。為免外界人誤導史實，家父乃將王老吉之歷代史口述給本人以便記載，待故事大綱擬稿妥後，家父突患心臟病逝世，本人為償還他的意願，遂將王老吉歷代史撰寫成小說，全文約十三萬字⋯⋯」。本書雖稱為「小說」，但至少王老吉涼茶的起緣部分，仍然可以與其他史料互相參照。

[13] 有關王澤邦在桂林得到道士所給藥方餘下的藥材一事，在《創業垂統》一書中所記之過程甚奇，牽涉到王澤邦因夢境所見而得到明路，到達一間夢中所見的茅屋，屋中主人表示藥材已經準備好，只需王澤邦以米餅交換就可。這種說法只作參考。

藥材	性味	藥效	產地
崗梅根	苦、甘、寒	清熱、生津、活血、解毒。治感冒、頭痛眩暈、熱病燥渴、痧氣、熱瀉、肺癰、咳血、喉痛、痔血、淋病、癰毒及跌打損傷。	廣西、廣東、湖南及江西
淡竹葉	淡、甘、寒	清熱除煩、利尿。用於熱病煩渴，小便赤澀淋痛及口舌生瘡。	浙江、安徽、湖南、四川、湖北、廣東及江西
布渣葉	淡、平、微酸	清熱消滯、利濕退黃、化痰。用於感冒、中暑、食慾不振、消化不良、濕食少泄瀉，濕熱黃疸。	廣東、廣西、海南及雲南
青蒿	苦、辛、寒	清熱解暑、除蒸、截瘧。用於暑邪發熱、陰虛發熱、夜熱早涼、骨蒸勞熱、瘧疾寒熱、濕熱及黃疸。	全國各地
五指柑	苦、辛、溫	祛風、除痰、行氣、止痛。用於感冒、咳嗽、哮喘、風痺、瘧疾、胃痛、疝氣及痔漏。	江蘇、浙江、江西、湖南、四川及廣西

　　雖然當時王澤邦由「道士」手上接過的藥方已不可考，但從記載中可見，王澤邦自廣西所搜購的藥材中，多以味苦、清熱之藥材為主。這些藥材亦非桂林（廣西）獨有，只是當時省城農作物失收，歐陽昌着王澤邦遠赴桂林搜購而已。自王澤邦從桂林搜羅得藥材後，回到廣州告知歐陽昌，歐陽昌建議王澤邦直接將藥材煮好供民眾飲用，以解決燃眉之急，根據記載，該種藥湯「入口甘涼，飲後非常舒服」，[14] 並稱之為「吉叔涼茶」（王澤邦號

「吉」)。此種吉叔涼茶,對於當時的疫症是「藥到病除」,消息很快就傳遍廣州,令吉叔涼茶譽滿省城。

省城有涼茶可以醫治疫症的消息,甚至傳到了京城。咸豐二年(一八五二年),文宗皇帝傳召王澤邦入宮,專門煲煮涼茶供文武百官飲用,為期半年,離開皇宮時更得皇帝封為太醫院令。王澤邦回到廣州後,決定以賣涼茶為業,並希望後代能夠繼承此意願,就以太醫院令的身分,於一八五〇年代在廣州開設「王老吉」涼茶店。自此,廣州有涼茶舖這番景象,人們一般就視王老吉為先河。

王老吉將涼茶這種家常產品變成商品,其店舖不單以煲煮涼茶售予客人直接飲用(即賣「水碗茶」),還為應付大量的需求,將材料包裝成「涼茶包」—— 將涼茶原料按既定分量預先包裝好,售賣予客人自行煲煮。由於「王老吉涼茶」的名聲已傳遍國內,不少外省人亦紛紛慕名而至,大量購買涼茶包,這就促成了王老吉業務的進一步發展。光緒二十三年(一八九七年),王老吉涼茶已傳至第三代,王澤邦之孫王恆裕到香港,在上環文武廟直街(今荷里活道)設店,正式在香港售賣涼茶。

不論在廣州或香港,王老吉可視為最早期開設涼茶舖的商戶,到十九世紀中葉,開始有其他涼茶舖面世。直至二十世紀初,已出現不少經營數十年的老字號。

[第一章 涼茶的歷史與源流]

[14] 王健儀:《創業垂統》(第二版),香港:王老吉涼茶庄,1987 年。頁 15。

33

　　根據朱鋼的《草木甘涼 ── 廣東涼茶》所指出，自王老吉在廣東發跡之後，清朝年間中山市的涼茶亦有悠久歷史。例如清代有位姓李的石岐商人（年代已不可考），自行於山上採集草藥煲煮涼茶，該種涼茶對頭暈身熱、傷風感冒、腰酸腿痛、喉乾口燥及外感傷寒等頗有功效，李姓商人因此而略賺利祿，並在石岐開設「福壽堂」藥店。

　　此外，一八六六年又有盧偉明氏在石岐開設百芝堂；一八七〇年代則有徐其修在佛岡、廣州等地開設涼茶店，據稱其涼茶對瘰癧傷寒、痢疾秘結、胸悶骨痛、感冒咳嗽及脾虛驚風等甚有功效，至一八九五年徐其修的字號正式使用，並擁有「涼茶大王」的美譽；之後，亦有存德堂（一九一〇年）、萬緯堂（一九一二年）、岐和堂（一九二二年）、芝草堂（一九三五年）、鄧清池（一九四〇年）、光明堂（一九四六年）等，紛紛在廣州及中山開設涼茶店 [15]。

　　由於涼茶一詞所指也甚廣泛，有關涼茶的歷史，於今實難以斷定其起緣於何時，只是其源於嶺南地區，因這地區的地理氣候所致，卻是毋庸置疑。這種原本只是家常煲煮飲用的藥湯，本就為嶺南地區瘴氣影響人體的情況而設，後來逐漸成為家傳戶曉的商品，由水碗茶、涼茶包，慢慢發展到紙包或樽裝涼茶，更有免煲煮只用熱水沖泡就可飲用的涼茶顆粒沖劑，涼茶可謂隨着社會

發展而歷久不衰。始自廣東，經過多年的傳播，涼茶已成為一種
跨地域而廣為人知的東西。

一九三〇年代的涼茶廣告（《工商晚報》，
一九三一年十月十日）。

[15] 朱鋼：《草木甘涼——廣東涼茶》，廣州：廣東教育出版社，2010 年。頁 51-54。

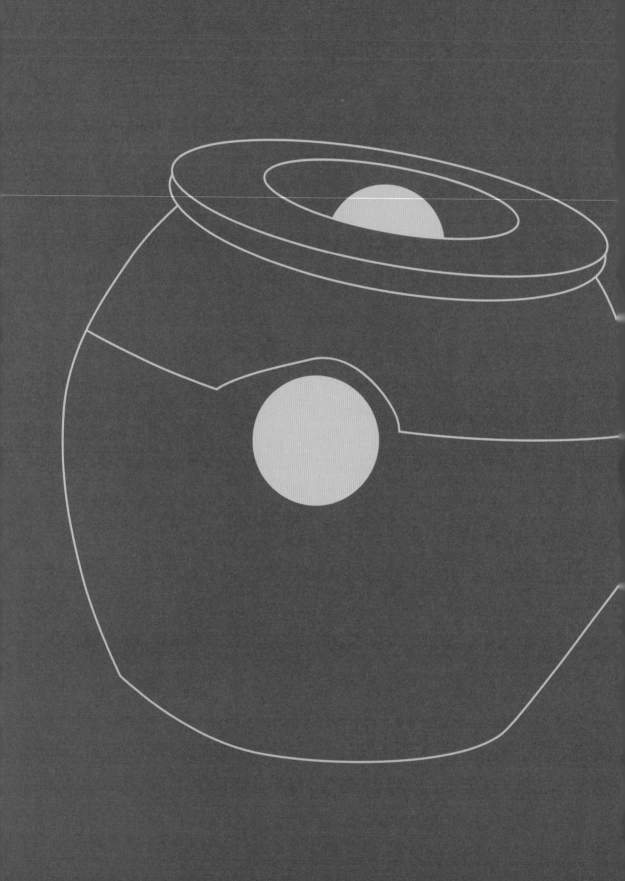

第二章

涼茶與醫藥保健的關係

簡說中醫藥 [16]

中醫是一種應用陰陽學的學問，藉陰陽學來說明人體的健康和病理變化。中醫認為人體內自有一套陰陽系統，身體有各個陰陽對立統一的現象，陰陽互相補足，同時互相制衡。若然陰陽失衡，就理解為生病。理論上，所謂陰陽失衡，意思是陽盛陰衰，或陰盛陽衰，都會在身體上有不同的呈現或顯示。

除陰陽學說之外，五行學說亦是中醫醫學的基本。五行學說是以金、木、水、火和土五種元素概括世界中所有事物的屬性，五種元素均有其互相的關係，稱之為五行相生相剋，相生相剋亦解釋了萬物的轉化和規律，跟陰陽學說相似，五行之間有互相補足和制衡的關係，其中一種極盛或極衰，則會影響整個系統，形成相乘或相侮的情況，即是過度的相剋或過度失衡的情況。

以陰陽和五行的學說為底子，中醫的醫理就是根據系統是否平衡來斷定人體有否生病。而在中醫的理論中，不論陰陽或五行都可對應身體不同的部位。例如五臟屬陰，六腑屬陽，而五臟之中，又各自有五行之屬，即肺屬金、肝屬木、腎屬水、心屬火和脾屬土，六腑則是膽、胃、大腸、小腸、膀胱及三焦。五臟是貯藏身體內的精氣，維持生命活動的器官，六腑是傳化食物和液體，有處理消化系統、吸收和排泄的作用。中醫對人體是以整體

觀來看，視人體為一整體，並重視人與外在環境的連結和關係，因此，中醫對疾病除了有基本的療法外，亦會因個別病人的體質，以及所在環境等因素決定用藥的種類和劑量。

　　依中醫的角度，人體是由「氣」、「血」及「津液」組成，這些是人之為人的物質、動力及能量，人體就是靠這些物質的交互、流動和更新來維持生命。可是，濕熱病邪會阻遏氣機（即體內「氣」的運動），損耗氣及津液而導致身體出現症狀，這些症狀較為普遍，而且並非特殊疾病，不需特別針對個人體格而辯證施治，中醫師通常就地取材，會以藥性寒涼、祛濕解毒及清熱生津的中草藥，煎煮成茶湯直接飲用，這些茶湯藥性較為溫和，其功效亦較近乎保健而非治療，除非有特殊原因如懷孕或藥性過敏等，否則均適合大眾飲用，這種茶湯，就稱為涼茶。慢慢地，涼茶成為一種普及的飲品，並會在不同季節飲用不同涼茶作保健之用，逐漸成為一種嶺南地區特有的生活文化。

　　中藥分有四氣五味、升降浮沉、歸經及毒性等特性。所謂「四氣」，指寒、涼、溫及熱四種藥性，溫熱屬陽，涼寒屬陰；五味則指鹹、辛、苦、甘及酸五種味道，一般而言，五種味道與其藥效已有直接關係，略見下表：

[16]參考香港中醫藥文化推廣活動統籌委員會出版之《中醫理論淺說》小冊子。

中藥的「五味」及其相應的藥效

味	功效
酸	止汗、止咳、止瀉、固精
甘	滋補、止痛、補虛、調和藥性
鹹	軟化堅硬、消散結塊、瀉下通便
苦	清熱、瀉火、通便、祛濕
辛	行氣、活血、發散解表

升降浮沉指藥性發揮時的趨向，相對於疾病的趨勢而言，將病毒以上升、下降、浮散及沉疴等方式排除於體外。至於歸經，指不同的中藥會以不同的臟腑為依歸，如《醫碥》中就提到，即使為熱症，都有「熱分臟腑經絡」、「熱分三焦」、「熱分晝夜血氣」及「熱分虛實」之分別，所以用藥之時亦得了解該藥的歸經，才算是對症下藥。

由於每種藥物有對治的功能，但同時帶有不同程度的傷害性質（統稱毒性），透過經驗歸納為藥性。因此，無論是治療的湯藥或是保健的涼茶對草藥的配伍組合都十分講究，有些中藥組合能提升藥效，抑制某種藥物的毒性，或者有功效相同的藥物卻能針對特定臟腑而產生最大療效等。

何謂涼茶？

　　時至今日，涼茶已經普及，這種相信起源於中國嶺南地區的產物，遍及粵、桂、港、澳、台，以及東南亞等地。其「涼」茶的意思，指對清熱、解表（即解除表證）、祛濕等有一定的功效。

　　嶺南地區的「濕」和「熱」，加上一些瘴癘雜毒，形成對人體有害的「瘴氣」，這種瘴氣是不同疾病的總稱，加上多雨潮濕使水質偏燥熱，飲用水及氣候均使人體容易「聚火」及「聚濕」，就會影響身體健康，容易生病，甚至是容易得熱病。這些情況多數稱之為「濕重」、「上火」或「濕熱」，視作病邪阻遏氣機，耗傷氣及津液。「聚火」或「聚濕」時，身體就會出現問題，症狀包括發熱、口渴、四肢困倦、心煩或腹瀉等，嚴重的話會以疾病形式在身體中「發」出來，導致身體不同部位的不適或反應，例如「濕重」會導致腹瀉、口氣、四肢乏力、精神不振及關節痛等；「上火」導致咽喉腫痛、牙肉痛、眼睛紅腫及口腔潰瘍等：至於「濕熱」，則會有暗瘡、腸胃炎或皮膚病等。

　　然而，人體分作多個部分，正如中藥有歸經之理，病邪亦會侵犯身體不同部分，引起個別部位的不適，這些「濕熱」，例如在皮膚就導致濕疹或斑疹病；在大腸就會腹瀉、小便短赤、肛門灼熱或畏寒等；在脾胃導致腹痛、厭食或大便稀爛；在肝膽則導

致口苦、便秘或厭食等等。在「熱者寒之」的中醫理論中，會多用寒涼的藥材來診治熱病。

類型	症狀
濕重	腹瀉、口氣、四肢乏力、精神不振及關節痛等
上火	咽喉腫痛、牙肉痛、眼睛紅腫及口腔潰瘍等
濕熱	暗瘡、腸胃炎或皮膚病等

可是，這些與其說是疾病，不如說是一些疾病的部分症狀，當身體出現這些症狀時，就是生病的警號，只要這些病症適時得到舒緩，就可避免疾病惡化。涼茶並非針對個別疾病而「對症」，倒是在舒緩某些症狀上起着功效，加上中醫之辯證下藥，十分着重針對個人體質，也着重藥材的配伍與歸經而決定處方，因此嚴格來說，涼茶並不能視為中藥，只是以個別中藥材的特性來調製適合大多數人飲用的保健飲品。

既是保健飲品，就牽涉到中醫理論中「治未病」的原理。所謂「治未病」，簡單來說可理解為預防疾病，或者在身體出現病症時避免疾病惡化。中醫的「治未病」理論最早見於《黃帝內經》的「上工治未病，不治已病，此之謂也」。

「治未病」可從幾個不同層面理解，首先是預防，即所謂「未

病先防」，保持強健體魄以免惹患疾病；其次是治療及時，即所謂「既病防變」，病向淺中醫，以防疾病加劇及傳播；另外就是預防復發，即「病後防復」，在痊癒後防止復發，着重病後調理。

此三項中，「既病防變」可算作治療的過程，「未病先防」及「病後防復」就是一般意義下所理解的「治未病」，亦正因有這種理解，中醫藥從這兩項入手所發展出關於治未病的醫理，就是保健。保健之所以是治未病，在於其強調通過改善體力，藉以增強免疫力或自癒力，從而達到預防及間接治療疾病的目的，亦是治療中重要的輔助。中醫藥中有關保健的文化，可分作內治法及外治法。內治及外治兩種方法是指借助食物、藥物或準藥品（quasi-drugs）及針灸，透過內服、外敷及針刺、推拔而達致身體機能平衡。

涼茶顯然屬於內治法的一種，針對特定的症狀或預防疾病，涼茶的功效大致可以分為幾種：

解表清熱：針對感冒、上呼吸道感染、瘧疾及多種傳染病前
　　　　　　驅期症狀；
涼血清熱：降血壓、止鼻血等；
化濕清熱：針對腸胃炎、肝膽等消化系統疾病；
利尿清熱：針對泌尿道感染；
解毒清熱：針對扁桃腺炎、喉炎、腮腺炎及皮膚瘡癤等。

由此可見，涼茶以清熱、祛濕及消炎的功效為主，這種功效就是預防疾病惡化，如降血壓、喉炎及「多種傳染病前驅期症狀」等，均是「治未病」的保健作用。

飲用涼茶注意事項

涼茶以中草藥做原料，嚴格來說飲用之時亦需依據中醫藥的「指引」，例如煮好的涼茶應隔除藥渣才飲用，因為藥物的有效成分已於煲煮的過程中溶解於水中，殘留在藥渣上的物質，反而可能對身體不利。

至於不同的涼茶也有不同的飲法，乃依中藥服用的原則，例如分為飯前或飯後服、睡前服等，這些服法，是針對病症和藥性而言，例如睡前一小時服用的多是有清心安神功效的涼茶；可頻繁服用的涼茶多對口腔及咽喉疾病有效；普通病症就可分服（多數分兩次）；濕服就是將茶湯放置至稍暖，多是藥性平和，且減低藥物對腸胃的刺激等等[17]。雖然涼茶是家常飲品，時至今日更發展為輕便的飲料，但飲用涼茶亦有禁忌。一般而言，孕婦、新產婦及女性月事時並不適宜飲用涼茶，因涼茶所用的藥材或有瀉下、祛水或祛瘀等功效，飲用後容易引致胎動甚至流產，寒涼活血的藥材會損傷脾胃，有礙身體恢復。

涼茶的處方變化甚大，藥材亦有歸經之理，所以飲用涼茶

時亦需注意到體質的承受能力，例如寒涼的藥易傷脾胃，所以易瀉、胃虛及胃納不佳者不宜飲用；發汗之藥亦需留意傷到氣及津液等等。除了歸經之外，因為涼茶的處方多可自行調整（例如在常見的五花茶中加入茵陳、雞骨草茶中加入紅棗等等，這些做法往往在個別涼茶的大原則中加入其他藥物，以增加涼茶的功效），在處方上亦需要留意配伍，避免藥材之間產生反應而減低藥效，甚至釋出毒性。因此，在「醫食同源」的中醫理論中，飲用涼茶時亦需注意飲食的禁忌，如飲用涼茶時應盡量避免食用生冷、油膩、辛辣及刺激性的食物。當然，涼茶也有針對病症的藥效，應該隨症而止，不宜長期飲用，更不應該「以涼茶代水」。

保健是人類維持自身健康的方法，這些方法種類繁多，有維持心境開朗，避免情緒起伏，亦有從飲食方面着手，進食清淡食物，更有借助藥物來增強身體免疫力等，不一而足，涼茶依據中醫藥的原理，了解到地理氣候環境對人體造成的影響，而袪除這些影響構成的病邪，在病症出現時防止疾病惡化及蔓延，確是一種歷史悠久的保健法門。

[17]佘自強：《涼茶天書》，香港：海濱圖書公司，2011 年。頁 10-11。

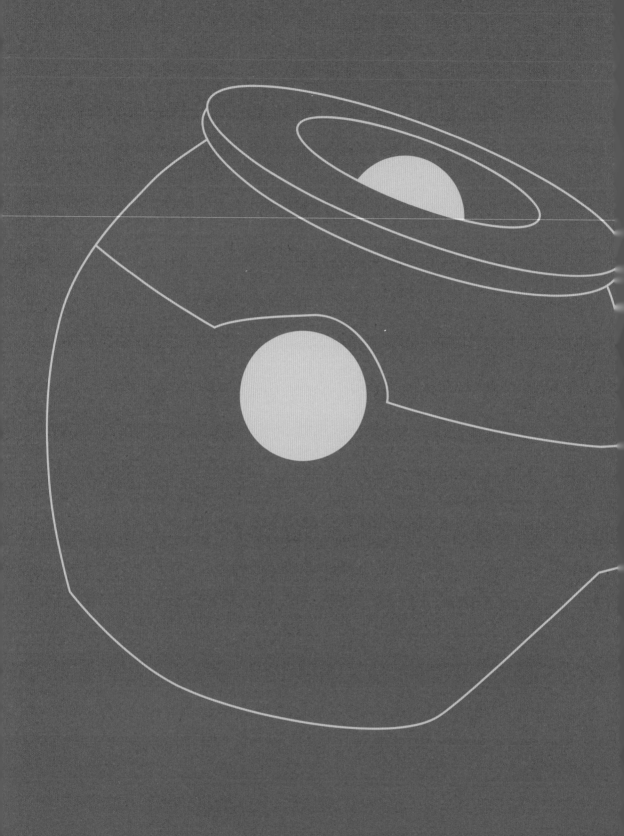

第二章

涼茶及其原料的
種類與應用

　　幾乎所有天然物品皆可用作中藥,中藥材可分為植物、動物及礦物三種,涼茶以嶺南地區常見的中草藥(植物類藥物)煎煮而成,如上所述,針對嶺南地區濕氣熱氣濃重的地理氣候,用於涼茶的中草藥,大部分都是藥性寒涼的草藥。這些草藥,往往有消暑清熱、祛濕、解毒、利尿及健脾胃等功效,在冬天寒冷乾燥時則會有滋潤、護喉利咽、潤肺等效果,均以預防疾病為目的。

　　不過,嶺南地區幅員甚廣,不同地域因氣候及土壤的關係,所煲煮的涼茶及材料亦有所不同,例如潮汕地區有其草藥,客家有自家的草藥,沿海地區甚至會以海鮮入藥(動物類藥材),用以調味及適應沿海地區氣候而製出不同種類的涼茶。

　　本章介紹不同種類的涼茶及其原料(藥材),所選之種類以香港常見及流行之涼茶為主。香港屬於嶺南地區一部分,位處亞熱帶氣候,春夏兩季炎熱,極為潮濕,秋冬兩季乾燥。濕熱的天氣影響人體,香港人長久以來都有飲用涼茶的習慣,常見的香港涼茶有廿四味、五花茶、火麻仁、夏枯草茶等等,藥材及功效各有不同,茲見下表:

涼茶	主要藥材 [18]	功效	適用	禁忌或注意
廿四味 *	崗梅根、山芝麻、救必應、五指柑、三椏苦、鴨腳皮、鬼羽箭、淡竹葉、布渣葉、桑葉、葫蘆茶、火炭母、木患根及榕樹鬚等	清熱解毒、消暑祛濕、清熱解表	體質燥熱人士	體質虛寒者不宜
五花茶 #	木棉花、雞蛋花、水翁花、金銀花、杭菊花、葛花、槐花、扁豆花、款冬花及辛夷花等	清熱解毒、消暑利濕、涼血、去心火	預防流行性感冒，宜夏天飲用	秋冬兩季不宜
龜苓膏 / 茶	龜板、土伏苓	滋陰、解毒、祛濕	內熱、因陰虛而出現的熱症	脾胃虛寒、消化不良者不宜
茅根竹蔗	竹蔗、白茅根	涼血、清熱利尿、養陰生津	口乾舌燥、多汗，宜夏天飲用	空腹、脾胃虛寒不宜
葛菜水	塘葛菜、龍利葉、羅漢果	清熱、潤肺、下火、化痰	睡眠不足、牙肉腫痛	--
夏枯草茶	夏枯草、羅漢果、甘草	消暑解毒、清肝瀉火	目赤腫痛、頭痛眩暈	脾胃虛弱，寒咳患者不宜
雞骨草茶	雞骨草	清熱利濕、疏肝止痛、活血散瘀	因肝膽濕熱而引致的目赤、眼痛、跌打瘀痛	體質寒虛、血行不暢者不宜。雞骨草種子有毒，使用前需全部摘除。

[18] 由於涼茶的處方可多作調整，甚至沒有固定配方，只要配伍得宜，同一種涼茶也可以有多種「版本」，所以此處列舉常見涼茶的主要藥材，是為該種涼茶之必要材料。

田灌草茶	田灌草、薏米	消熱利尿、祛濕消腫	眼熱、暑濕、小便不利	腎虛、精滑者不宜
銀菊露	金銀花、菊花	清熱、解毒、明目	喉嚨乾涸、口苦口乾、眼睛紅腫赤痛	寒咳、外感患者不宜
酸梅湯	烏梅、山楂、甘草	山津止渴、開胃消食	消化不良	空腹、大病、久病或咳嗽初起不宜
冬瓜茶	冬瓜	解暑熱、利水	夏天宜飲用	怕冷乏力者不宜
蛇舌草茶	白花蛇舌草	清熱解毒，利濕通淋	瘡毒、咽喉腫痛	脾胃虛寒者不宜
羅漢果茶	羅漢果、陳皮	清熱潤肺、化痰止咳	燥熱咳嗽、口乾口渴	體質寒涼者不宜多飲
夏桑菊	夏枯草、菊花、桑葉	清肝明目、疏風散熱	風熱感冒、咽喉腫痛	體質虛寒者不宜
崩大碗	崩大碗	清熱利濕、消炎解毒	上呼吸道炎、尿道炎等	體質或腸胃虛弱者不宜
火麻仁	大麻種子	潤腸通便	便秘、皮膚乾燥	腸滑、脾胃虛寒不宜

* 廿四味並無固定配方，而且來自民間，沒有醫籍記載，「廿四味」只是一個概括的名稱，從不同配方所收集的廿四味藥材目前已有約二十八種，不同的涼茶舖會根據情況而自行制定配方，有些則強調是「廿八味」，有些則只有十多味藥材，由於配方多數不公開，所以難以知道個別店舖廿四味的真正成分。

\# 五花茶亦沒有固定配方，是一種以花類藥材配搭而成的涼茶，但其中木棉花及雞蛋花多為必需的成分。除了花類藥材外，亦會加上綿茵陳或夏枯草等藥材。

除了以上以藥材來命名的涼茶外，還有些涼茶針對個別症狀而製，例如感冒茶和祛濕茶，顧名思義針對感冒及祛濕而設。感冒茶以防治感冒為主的藥材如木患根、淡竹葉、板藍根及枇杷葉等製作。祛濕茶則更無固定配方，但多見用熟薏米、茯苓或桑白皮等。

由於各種涼茶所用藥材各異，而藥材本身有其性味及歸經等藥理，直接構成服用該種涼茶的宜忌，因此除了一般而言的孕婦、新產婦、月事期間、長者、小童、久病者及服用西藥期間多不適宜外，亦需要留意情況及體質而飲用合適的涼茶。以下將選取涼茶常見的藥材詳加介紹。

木患根：味苦。性涼。

鴨腳皮：味苦、澀。性涼。《嶺南草藥志》云：「除濕舒筋活絡，清胃腸酒濕積滯。」

五指柑：味辛、苦。性溫。《本草綱目》云：「煮酒飲，治痰氣咳嗽。煎湯，治心下氣痛。」

淡竹葉：味甘、淡。性寒。歸胃經、心經、小腸經。《本草綱目》云：「去煩熱，利小便，清心。」

布渣葉：味淡、微酸。性平。《本草求源》[19] 云：「即破布葉，酸甘，平。解一切蠱脹藥毒，清熱，消食積，黃疸。作茶飲佳。」

崗梅根：味甘、苦。性寒。歸肺經、肝經、大腸經。《陸川本草》云：「清涼解毒，生津止瀉。治熱病口燥渴，熱瀉，一般喉疾。」

[19] 嶺南醫籍，由清代趙其光所著，收錄自晉代起至明清時期的廣東廣西兩省的醫籍。

葫蘆茶：味苦、澀。性涼。歸肺、肝經、膀胱經。《嶺南草藥志》云：「治咽喉腫痛：葫蘆茶二兩。煎水含咽。」又云：「治暑季煩渴：葫蘆茶，煎成日常飲料，以代茶葉。能解暑清熱止渴。」

榕樹鬚：味苦。性平。《嶺南草藥志》云：「治小便不通：榕樹吊鬚一把，沙糖、米酒各適量。水煎服。」又云：「治喉蛾：榕樹鬚六兩。黑醋一湯碗，煎好，候溫含漱。」《嶺南採藥錄》[20]云：「治牙痛，能消腫止痛殺蟲：榕鬚、皂角。煎水含之：冷則吐，吐則再含。」

鬼羽箭：味苦、淡。性涼。

火炭母：味酸、澀。性涼。

桑葉：味甘、苦。性寒。歸肺經、肝經。

夏枯草：味辛、苦。性寒。歸膽經、肝經。李時珍於《本草綱目》云：「夏枯草治目疼，用沙糖水浸一夜用，取其能解內熱、緩肝火也。樓全善云：夏枯草治目珠疼，至夜則甚者，神效。或用苦寒藥點之反甚者，亦神效。」

雞骨草：味甘。性涼。歸胃經、肝經。《嶺南草藥志》云：「清鬱熱，舒肝，和脾，續折傷。」

田灌草：或稱車前草。味甘。性寒。歸肝經、腎經、膀胱經。

杭菊花：味辛、甘、苦。性微寒。歸肺經、肝經。

雞蛋花：味甘。性涼。歸肺經、大腸經。

金銀花：味甘。性寒。歸胃經、肺經。《本草正》[21] 云：「其性微寒，善於化毒。故治癰疽腫毒，瘡癬，楊梅，風濕諸毒，誠為要藥。毒未成者能散，毒已成者能潰。但其性緩，用須倍加，或用酒煮服，或搗汁摻酒頓飲，或研爛拌酒厚敷。若治癧癘、上部氣分諸毒，用一兩許，時常煎服極效。」

木棉花：味甘、淡。性涼。歸脾經、肝經、大腸經。

三椏苦：味苦。性寒。

水翁花：味甘、苦。性涼。歸胃經、肺經、脾經。《嶺南採藥錄》云：「清熱，散毒，消食化滯。」

柴胡：味苦、辛。性微寒。歸肝經、膽經。《本草正義》云：「約而言之，柴胡主治，止有二層，一為邪實，則為外邪之在半表半者，引而出之，使達於表而外邪自發；一為正虛，則為清氣之陷於陰分者，舉而升之，使返其宅，胃中氣自振。」

救必應：味苦。性寒。《嶺南採藥錄》云：「清熱毒。」

龜板：味甘、鹹。性寒。歸肝經、腎經、心經。《本草綱目》云：「其甲以補心、補腎、補血，皆以養陰也。」

土伏苓：味甘、淡。性平。歸肝、胃經。

羅漢果：味甘。性涼。歸肺經、脾經。

白茅根：味甘。性寒。歸胃經、肺經、膀胱經。《神農本草

[20]《嶺南採藥錄》，1932 年面世，記載嶺南地區民間常用生草藥四百多種。
[21]《本草正》成書於明代，約新曆 1620 年代，仿《本草綱目》編述，收錄常用藥 300 種。

［第三章　涼茶及其原料的種類與應用］

經》云：「味甘，寒。主治勞傷虛羸，補中益氣，除瘀血，血閉寒熱，利小便。其苗主下水。一名蘭根，一名茹根。生山谷。」

塘葛菜：味辛。性涼。歸肺經、肝經。

薏米：味甘、淡。性微寒。歸脾經、胃經、肺經。薏米有生熟之分，其性頗不同。生薏米性寒，有利水祛濕的功效。熟薏米性平，有補脾止瀉的功效。

甘草：味甘。性平。歸胃經、肺經、脾經。《神農本草經》云：「味甘平。主治五臟六腑寒熱邪氣，堅筋骨，長肌肉，倍力，金創，尰，解毒，久服輕身延年。生川谷。」

陳皮：味辛、苦。性溫。歸肺經、脾經。《本草綱目》：「療嘔噦反胃嘈雜，時吐清水，疾痞咳瘧，大便閉塞，婦人乳癰。入食料，解魚腥毒。」

冬瓜：味甘、淡。性涼。歸肺經、小腸經、膀胱經。

白花蛇舌草：味甘、苦。性寒。歸心經、脾經、肝經、大腸經。

桑白皮：味甘。性寒。歸肺經。《本草綱目》云：「肺中有水氣及肺火有餘者宜之。」

枇杷葉：味苦。性微寒。歸肺經、胃經。《本草綱目》云：「和胃降氣，清熱解暑毒，療腳氣。」又云：「枇杷葉，治肺胃之病，大都取其下氣之功耳。氣下則火降痰順，而逆者不逆，嘔者不嘔，渴者不渴，咳者不咳矣。」

涼茶部分常用藥材

夏枯草

雞骨草

田灌草

陳皮

甘草

淡竹葉

火麻仁

柴胡

白花蛇舌草

崩大碗：味辛、苦。性寒。歸脾經、肝經、腎經。

火麻仁：味甘。性平。歸胃經、脾經、大腸經。

烏梅：味酸。性平。歸肺經、脾經、肝經、大腸經。《本草綱目》云：「斂肺澀腸，止久嗽瀉痢，反胃噎膈，蛔厥吐利。」

山楂：味酸、甘。性溫。歸胃經、脾經、肝經。《新修本草》云：「汁服止痢，洗頭及身差瘡旁」

板藍根：味苦。性寒。歸胃經、肝經。

涼茶之所以稱作「涼」，從藥材的「性」中看出，大部分都屬性涼或性寒之藥材。另一方面，從禁忌中可見，脾胃虛弱人士多不適宜飲用涼茶。在中醫的角度中，脾胃主理「運化」，即消化功能，有將吸收到飲食轉化成身體需要物質的功能，本就是一個人體內「祛濕」的機能。在嶺南地區的炎熱天氣來說，除了氣候的「熱」和「濕」外，飲食習慣向來是導致「濕」的源頭，進食油炸或冷凍的食品，容易令脾胃聚濕和火氣積聚，損傷脾胃功能，導致脾胃虛弱，這時反而需要一些性平、性溫的食材如生薑、山藥、南瓜、玉米或木瓜等來調節脾胃，如果這時再服用涼茶，或許會「虛不受補」。

涼茶的原料畢竟是藥材，在煲煮的過程當然有需要注意的地方。如在煎製中藥方面，煲煮的器具切忌使用鐵、鋁或銅的器皿，這些金屬的器具容易氧化，也會與藥材的成分發生化學作用

而產生對人體有害的物質，影響涼茶的藥效，所以煲煮涼茶的器皿，以瓦煲或砂煲等傳熱均勻的器皿會比較合適，若然再講究一點，煲煮涼茶的器皿更應只專作煲涼茶之用，避免因煮食而清洗未淨的食油或食材影響藥效。

另外，除了龜苓膏之外，涼茶所用的一般都是廉價藥材，或者是田野間可就地採摘的植物，早期涼茶之所以能流行，主要因為醫療服務和設施並不發達，一般貧苦大眾亦往往難以負擔昂貴的醫療費用，所以借助涼茶來減輕症狀。事實上，由於每個人體質不同，即使兩個人患上相同的病症，也會因其體質的分別而應服用不同的中藥（所用的藥材或劑量均會不同），着重「望、聞、問、切」的中醫，對病者來說涼茶絕對不是理想的藥品，但是亦因為方便、有效及無毒等等特質，涼茶仍能一直流行並發展至今。

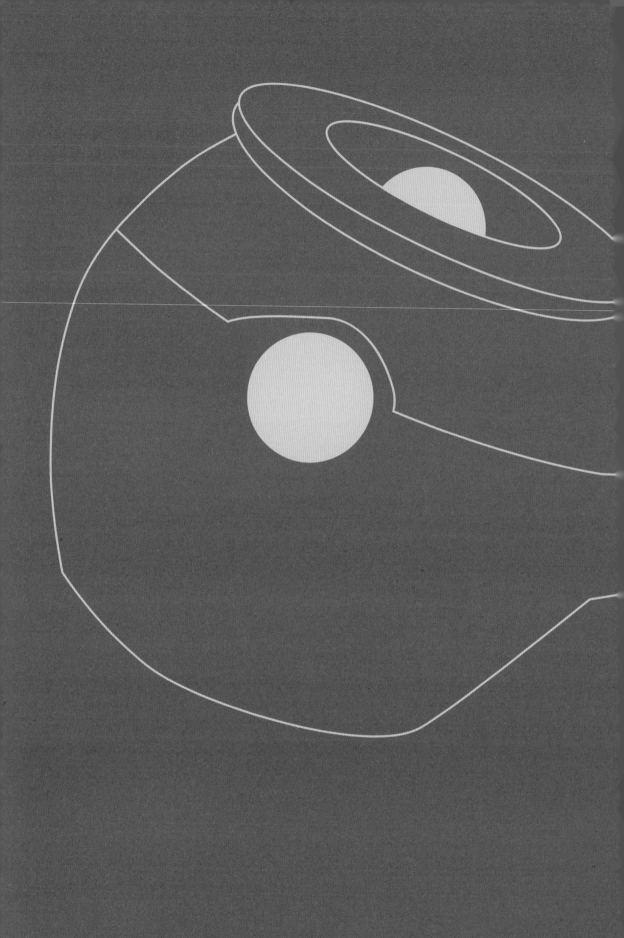

第四章

從生草藥到供應鏈：
香港涼茶貿易

第四章
從生草藥到供應鏈：香港涼茶貿易

香港生草藥

　　涼茶是一種因應地區氣候而生的產物，基本上均以植物類藥材而製，涼茶所用到的草藥，均是就地取材，即使不是兩廣地區的植物，也是常見於南方（長江以南）省份如福建、浙江、江蘇、湖南、湖北或安徽等。香港屬嶺南地區，自是有適應這種氣候和土壤的草藥。

　　本章將列出香港常見的生草藥，介紹從生草藥的供應到涼茶作為一門生意，其中所導致的問題及牽涉的相關法例。

　　根據江潤祥教授所編的《香港草藥與涼茶》一書中，列出香港常見、且適合用來煲煮涼茶的草藥有五十種，詳見下表：

草藥	性味	功效
韓信草	辛、苦、平	散瘀止痛、止血、舒筋活絡、解毒。 用治跌打腫痛、吐血、咳血、外傷出血、癰腫[22] 疔毒、產後四肢麻木等。
蒲公英	苦、甘、寒	清熱解毒、清熱利濕。 用治熱毒癰腫、疔瘡[23]、濕熱黃疸[24]。
青葙子	苦、微寒	清泄肝火、明目退翳。 用治目赤翳障。
旱蓮草 （又名墨旱蓮）	甘、酸、寒	滋養肝腎、涼血止血。 用治肝腎陰虛症、陰虛血熱所致的各種出血症。
雞骨草	甘、涼	清熱利濕、解毒、散瘀止痛。 用治濕熱黃疸、跌打瘀腫作痛。
大羅傘 （又名朱砂根）	苦、辛、涼	散瘀止痛、清熱解毒。 用治跌打腫痛、風熱感冒熱盛者、熱毒咽喉腫痛等。
九里香	微辛、苦、微溫；有小毒	行氣止痛、活血散瘀、祛風除濕。 用治氣滯胃脘脹痛、跌打瘀血腫痛、風濕痹痛。
火炭母	微酸、微寒	清熱解毒、去濕止痢。 用治濕熱瀉痢、熱毒咽喉腫痛、癰瘡腫毒等。
金毛狗脊	苦、甘、溫	祛風濕、補肝腎、強筋骨、溫補固攝。 用治風寒濕痹之肢體關節痛、肝腎虧損之腰膝酸軟、腎虛不固之尿頻、遺尿、遺精等。
木棉花	甘、微寒	清熱解毒、利濕止瀉、止血。 用治濕熱泄瀉、熱毒瘡癤，外治外傷出血等。

[22] 即膿瘡。由兩個或更多根部相通的瘡組成。

[23] 疔瘡為兩種皮膚病。疔發時為一小膿頭，根深堅硬如釘子。瘡是毛囊炎的一種，由金黃葡萄球菌感染，發時有膿頭及皮膚壞死組織，組成有痛感的腫塊。

[24] 因膽紅素過高而導致的皮膚發黃的症狀。

野牡丹	澀、平	收斂止血、消食止痢。 用治便血、月經過多、外傷出血、腹瀉等。
常山	苦、辛、寒；有毒	湧吐痰飲、截瘧。 用治胸中痰結、瘧疾。
石仙桃	甘、涼	養陰清熱、潤肺止咳。 用治熱病傷津口渴、肺陰虛或肺燥咳嗽。
白芨	苦、甘、澀、微寒	收斂止血、消腫生肌、解毒斂瘡。 用治肺胃受損之咯血、嘔血、癰腫瘡毒初起之症。
華南穀精草	辛、甘、微寒	祛風清熱、明目退翳。 用治肝經風熱所致目赤腫痛、羞明多淚及目生翳膜。
雞血藤	苦、微甘、溫	活血補血、祛風濕、舒筋絡。 用治血虛或血瘀所致月經不調、經閉、經痛、風濕痺痛、肢體麻木、拘攣。
貓鬚草	甘、淡、微苦、涼	清熱去濕、利尿排石。 用治小便不利、水腫、砂淋[25]。
鴨腳木	苦、微寒；氣香	疏散風熱、祛風除濕、消腫止痛。 用治風熱表症、咽喉腫痛、風濕痺痛、跌打腫痛。
野甘草	甘、微苦、微寒	解表清暑、解毒止痢、活血消腫。 用治外感風熱表證、濕熱泄瀉、跌打腫痛。
貍尾豆	苦、微寒	燥濕清熱、殺蟲止血。 用治風疹身痕、疥瘡、痔瘡、金瘡出血。
肖梵天花	甘、辛、平	祛風逐痺、消炎解毒。 用治風濕性關節炎、急性化膿性關節炎、瘡傷膿腫、破傷風、蛇咬傷、痢疾及急性扁桃體炎。

蔓荊	苦、辛、微寒；氣芳香	疏散風熱、祛風除濕。
		用治外感風熱所致頭痛、目赤腫痛、頭痛頭風、風濕痺痛及筋脈拘攣等。
還陽草	苦澀、涼	清熱解毒、散瘀止血。
		用治喉炎、咳嗽、泄瀉、痢疾、跌打、創傷等。
薏米	甘、淡、微寒	利水滲濕、健脾、除痺、清熱排膿。
		用治小便不利、水腫、脾虛泄瀉、濕痺拘攣、肺癰、腸癰等。
白茅根	甘、寒	涼血止血、清熱利尿。
		用治血熱妄行之出血症及熱淋、水腫等。
露兜簕	甘、淡、涼	利水消腫、清熱解毒。
		用治濕熱小便不利、水腫、淋症等。
車前草（又名田灌草）	甘、淡、寒	利水通淋、清熱利濕、清熱解毒、清肝明目、化痰止咳。
		用治濕熱淋證、小便不利、濕熱黃疸、熱咽喉腫痛、肝熱目赤腫痛、肺熱痰多咳嗽。
金絲草	甘、涼	利水通淋、清熱解毒。
		用治熱淋、血淋、白濁帶下、水腫、濕熱黃疸等。
夏枯草	苦、辛、寒	清肝明目、平抑肝陽、清熱散結。
		用治肝火上攻或風熱所致之目赤腫痛、羞明流淚等；肝陽上亢所致之眩暈、頭痛、心煩易怒；痰火瘰癧 [26]、癭瘤、痰核。
苦瓜	苦、寒	清熱解暑、解毒明目。
		用治暑熱症見心煩、口渴引飲、熱毒癰腫。
木槵子	苦、微寒	疏風清熱、祛痰，消癖殺蟲。
		用治外感風熱表證、咽喉腫痛、肺熱咳喘、食滯疳癖 [27]。

[25] 又稱石淋，即小便出砂石。

[26] 又稱「老鼠瘡」，今理解為頸淋巴結核。

[27] 指小兒因脾胃虛弱致形體羸瘦，毛髮乾枯。

龍利葉	甘、淡、平	潤肺化痰、養胃生津。 用治肺燥咳嗽、咳痰粘稠、熱病傷津、口乾、食慾不振。
尖尾芋	微苦、大寒；有毒	解毒退熱、消腫散結。 用治一切腫毒初起、瘰癧等。
仙茅	辛、熱、有毒	溫腎壯陽、強筋骨、祛寒濕。 用治腎陽不足之陽痿精冷、腎虛之腰膝軟、脾腎陽虛之脘腹冷痛、泄瀉等。
益母草	苦、辛、微寒	活血調經、利水消腫。 用治血滯經閉、痛經、經行不暢、產後瘀滯腹痛、惡露不盡、水腫、小便不利。
鐵冬青（如以樹皮入藥，即救必應）	苦、寒	瀉火解毒、清熱燥濕、行氣止痛、涼血止血。 用治感冒及其他疾痛引起的高熱、咽喉腫痛、瘡瘍癤腫、濕熱泄瀉、痢疾、胃脘痛；外傷出血、血熱咳血、吐血、便血、尿血等證。
野葛根	甘、辛、平	主消渴、煩熱、解諸毒、解肌、發汗解表、開腠理；解酒毒、酒黃、身熱赤、尿赤澀。
蘆根	甘、寒	清熱生津、除煩止嘔。 用治熱病煩渴、胃熱嘔吐、肺熱咳嗽、肺癰吐膿等。
蒼耳	蒼耳草：苦、辛、微寒	祛風、清熱，解毒。 用治風濕痹痛、四肢拘急等症。
	蒼耳子：辛、苦、溫、有小毒	散風除濕、通竅止痛。 用治風寒頭痛、鼻淵頭痛、風濕痹痛。
雞蛋花	甘、微寒	清熱利濕止痢、潤肺止咳。 用治濕熱瀉痢、裏急後重、肺燥乾咳少痰等。

荷花	荷葉：苦、澀、平	清暑利濕、升陽止血。 用治暑熱病證、脾虛泄瀉、多種出血證、降血脂。
	荷梗：苦、平	通氣寬胸、和胃安胎。 用治外感暑濕、胸悶不暢、妊娠嘔吐、胎動不安。
桑	桑椹：甘、微寒	養血滋陰、生津止渴、潤腸通便。 用治陰虧血少所致之眩暈耳鳴、心悸失眠、鬚髮早白、津傷口渴、消渴症、陰血不足之腸燥便秘。
	桑葉：苦、甘、微寒	疏散風熱、清肝明目、涼血止血。 用治外感風熱表證、肝經風熱、目赤腫痛、血熱咯血、吐血。
	桑枝：苦、平	祛風通絡、利水消腫。 用治風濕痺痛、四肢拘攣、腳氣浮腫、肢體風癢、癰瘡腫毒等。
山芝麻	苦、寒	清熱瀉火、解毒療瘡、清肺止咳。 用治溫熱病氣分實熱之壯熱不退、熱毒咽喉腫痛、外感風熱咳嗽。
穿心蓮	苦、寒	清熱解毒、燥濕消腫。 用治外感風熱、溫病初起、濕熱瀉痢及癰腫瘡毒等。
鬼羽箭	苦、寒	清熱涼血、解毒。 用治溫病血熱發斑、斑疹、皮膚風毒腫痛。
水竹草	甘、微苦、寒	利水消腫、利水通淋、清熱利濕、清熱解毒。 用治濕熱所致之小便不利、水腫、熱淋、血淋、濕熱黃疸、濕熱瀉痢、濕熱帶下、風熱感冒熱盛、熱毒咽喉腫痛等。
金錢草	甘、淡、微寒	除濕退黃、利尿通淋、解毒消腫。 用治濕熱黃疸、石淋熱淋、惡瘡腫毒、毒蛇咬傷。

毛冬青	苦、寒	活血通脈、清熱解毒、化痰止咳。
		用治血瘀心痛、風熱感冒、肺熱咳嗽。
三椏苦	苦、寒	瀉火解毒、清肺洩熱、祛瘀止痛。
		用治溫熱病氣分實熱之壯熱不退、熱毒咽喉腫痛、熱毒癰腫、肺癰、肺熱咳嗽、跌打腫痛、風濕痺痛。
木蝴蝶	苦、寒	清熱解毒、潤肺開音、舒肝和胃。
		用治熱毒咽喉腫痛、肺熱或肺燥咳嗽聲啞、肝胃氣痛、瘡瘍久潰不癒。

這些草藥，並不全部都產於香港，有些亦不是野生，需要自行種植。《香港草藥與涼茶》所列舉之草藥，包含了活血散瘀之骨傷科草藥，及常見的皮膚病如疔癤癰腫等之草藥。這些草藥雖然並非全都可用以煲煮涼茶，但由這些常用草藥可見，嶺南地區有其特殊的情況，對於草藥有獨特的需求，這「特殊的情況」，可分為三類：

一、因應氣候而清熱解毒，用以抑制感染初期之症；
二、因手工業發達及體力勞動工作而導致工傷頻繁，跌打骨傷科應運而生，相關用藥之需求亦隨之增加；
三、癰瘡疔癤等皮膚疾病，多以草藥外敷內服而消腫化結[28]。

這些藥材生長的地方各異，有些於海邊（如露兜簕），有些生於池塘上（荷花），山坡上（金絲草、鴨腳木或鐵冬青），或者「粗生」至路旁隨處可見（如山芝麻、還陽草等），亦有庭園常見的植物（如雞蛋花、益母草），有些則是由外地引進自行培植（如穿心蓮由印度引入）。然而即使是「就地取材」的草藥，隨了本地自行生產（野生或農家種植）外，亦有一部分依賴貿易而來（例如夏枯草因氣候問題不會在香港生長）。

田灌草

曬乾的田灌草

當然，生草藥並不限於上述的數十種，香港雖是石屎森林，但生草藥依然隨處可見。不過，並非人人懂得辨識不同植物，甚至有長相相似但性質不同的草藥[29]，市民若然擅自採摘野生草藥，不論用以煲煮涼茶，或作跌打骨傷科外敷之用，均有一定程度的風險。香港政府一直以來均禁止市民採摘草藥，早至一九二三年已有相關新聞：

採伐生草藥被罰
林祥被控在山頂道負有生草藥一束，值銀二十元，由香港仔某山林斬伐者，昨連司提審，判罰銀五十元，或入獄三禮拜云。
——《工商日報》，一九二三年四月十三日

一般來說，容易採摘的常見野生草藥，有崩大碗、車前草（田灌草）等較為「粗生」的植物，近年亦見到新聞指出，有人會到郊外採摘一些藥用價值頗高的藥材，例如黃牛木、沉香等，

[28] 江潤祥編：《香港草藥與涼茶》，香港：商務印書館（香港）有限公司，2000年。頁129。
[29] 例如八十年代香港曾出現「龍膽草中毒事件」，後來證實該種草藥並非龍膽草，而是外形極為相似的鬼臼（又稱桃耳七，或貴州龍膽草）。

這些行為會破壞環境，甚至影響生態。

早於一九三七年，香港政府就已經有相關法例規管市民採摘野生草藥，那些法例可視作今《林區及郊區條例》的前身，至今經過多次修訂後，其中第二十一條〈禁止在林區等地方作出的作為〉中就指出：

任何人無合法權限或辯解而在林區或植林區內
(a) 剪草、移去草皮或泥土、耙松針；
(b) 採摘或損壞樹木、灌木或植物的幼芽、花蕾或葉片；
(c) （從略）；
(d) 砍伐、切割、焚燒或以其他方式摧毀樹木或生長中植物，即屬犯罪。

一九七〇年代通過《郊野公園條例》，其中的《郊野公園及特別地區規例》第八條〈對花草樹木及土壤的保護〉亦明確指出：

(1) 除第（2）款另有規定外，任何人除非按照總監[30] 批給的許可證的規定，否則不得在郊野公園或特別地區內 ——
a. 切割、摘取或根除任何植物或植物的任何部分，不論該植物是活的或是死的；
b. 挖出、開墾或擾亂土壤；或
c. 撒播或種植任何種子或植物，不論是否作為農作物。
(2) 如任何人根據《土地（雜項條文）條例》（第 28 章）獲

批給的政府租契、許可證或准許證，或根據礦務處處長發給的牌照或租約，而切割、摘取、根除、挖出、開墾或擾亂任何植物、植物的任何部分或土壤，或撒播或種植任何種子或植物，第（1）款對該人並不適用。

從法例可見，即使懂得辨識草藥，任何人亦不得隨意採摘後使用，甚至藥商及涼茶舖等，亦需得到官方的認可，才能採藥。

除上述的藥材外，可以在香港生長的涼茶藥材還包括：崗梅根、淡竹葉、白花蛇舌草、土伏苓、枇杷葉、青蒿及火麻仁等。而政府對市民採藥加以規管，倒也可以理解為保障市民安全。首先，多種野生草藥生長在山坡，旁邊不一定為人能行走的道路，採藥者見到適用草藥，可能需要攀爬山坡才能採摘，這就涉及到採藥者的人身安全問題。

採藥者工作時發生意外的新聞時有所聞，最早的報導可見於《工商日報》一九三三年二月七日的「登山採藥墜下山坑　傷重斃命」。其後於一九三五年十二月九日《天光報》亦報有一男子因試圖採摘榕樹鬚而墮地受傷。

值得留意的是，一九五〇年代前後，香港中醫界紛紛成立中醫師公會，同時設立中醫學院或名為中醫研究所等組織。這些為行內人員培訓需要而提倡中醫藥學，每由醫師帶領學生到香港不

[30] 即郊野公園及海岸公園管理局總監，由漁農自然護理署署長擔任。

採藥男子墮樹重傷

昨日下午二時、有一採葯人余錦嵩（卅二歲）在香港仔方面、繼上一高約二三丈之榕樹頂、採取榕樹穀、不料偶扑不慎、由樹頂墮下、當即震傷腹部、右足亦血流如注、後由帝人代爲報警、將之車送國家醫院救治、

登山採藥墜下山坑
傷重斃命

新界荃灣青山道近十一里石之路山坑處、昨日下午四時左右、有一男子倒臥坑內、頭部受傷、身旁有帽一、該男子年約三十歲、身穿黑布衫褲、有鞋韈襪、後由路人發覺、往報基漫警署、山警署電筆十字車到塲、將之送往九龍醫院、傷勢頭重、延至晚八時、則已因傷斃命、

《工商晚報》，一九三三年二月七日。　　　　《天光報》，一九三五年十二月九日。

同山頭採藥。一九五一年，中醫藥研究所 [31] 由莊兆祥醫師 [32] 帶領學生到大埔山野間實地採集草藥，當時共採得草藥八十一種，其中關於涼茶的草藥就包括：鴨腳木、山芝麻、布渣葉、葫蘆茶、白花蛇舌草、崩大碗、露兜簕、崗梅根及金錢草等。

之後相隔兩個月，中醫藥研究所舉行第二次採藥，地點為「九龍山野間」，採得藥材二十種，其中就有鬼羽箭及千層皮等藥材跟涼茶相關 [33]。雖然香港政府一直禁止市民隨意採藥，但相信中醫藥研究所既出於教學目的，而且只據報導，他們採得之藥材乃作標本的教學用途，並非大量採摘作商業用途，因此沒有抵觸法例。至於中醫藥研究所第三次採藥，則移師至港島太平山徑間採藥，共採得草藥十八種，跟涼茶有關的草藥有崗梅根及韓信草等 [34]。

當時其他中醫藥學校也有類似的實習教學，例如東方中醫學院、漢興學院、九龍中醫學院及菁華中醫學院等，均有中醫師教員以實地採藥的方式作教學方法，足跡遍佈港九新界，亦可見香港野生的草藥種類繁多。

中醫藥研究所 九龍採藥紀實

本港銅鑼灣伊榮街十五號現代中醫藥研究所為響應加緊員生對眼物之認識，特於昨日由應用植物之範圍與研究……導院職所各學員前往九龍大埔一帶山野間，實地採藥，計發現之生草藥物共八十一種，其名稱如下：……

《華僑日報》，一九五一年十月十日。

中醫學院員生 遊新界採藥

（國際社）華僑中醫學院員生十餘人，由院長弘守仁率領，昨旅行新界各地，採集有關跌打外科藥物標本。由弘氏分予各學員知所辨認，午餐后始返。

《華僑日報》，一九五六年五月二十八日。

儘管本地草藥種類豐富，但上山採藥的工作，隨着社會發展也逐漸式微，而且本就已經觸犯法例，以涼茶為例，所採用的藥材本就是廉價藥材，上山採藥的工作在經濟考慮上難以維持成本，漸漸趨向購置進口草藥。

[31] 戰後至五十年代，中醫師相繼設立中醫藥團體，單是中醫師公會由 1948 至 1950 年間就有十一個。包括 1948 年成立的九龍中醫師公會、香港中醫師公會、僑港中醫公會、僑港國醫聯合會、華南國醫學院畢業同學會；1949 年的香港九龍中醫師公會、香港中華醫學會、港九華僑中醫公會、僑港中醫公會；1950 年的港九中醫師公會及港九華僑中醫師公會。這些公會名稱相似，不同資料如《香港年鑑》、報章以至公會特刊等，每每有所混淆，所以所謂「中醫藥研究所」，至今難以考證其真實，因為當時有相似名稱的團體，就有由香港中醫師公會成立的「國醫研究所」，亦有香港九龍中醫師公會成立的「中醫研究院」，亦有「現代中醫藥學院」。在 1951 年 10 月 10 日《華僑日報》中報導「中醫藥研究所 九龍採藥紀實」中提到，此研究所位於銅鑼灣伊榮街十五號，難以推斷此研究所所屬的團體。

[32] 莊兆祥（1902-1982），著名中醫師，草藥學專家，曾任江蘇南通大學、廣州中山大學醫學院教授。留著有《本草綱目我評——莊兆祥論中醫藥文集》一書。

[33]《華僑日報》，1951 年 12 月 6 日。

[34]《華僑日報》，1952 年 4 月 8 日。

香港的草藥貿易

　　香港自開埠後，就已是一個國際轉口港，但說到中藥的商業活動，相信自開埠前至開埠初期已有一定的業務境況。一八五二年在上環皇后大道以北的填海工程中，開發了文咸街，及後在其向西延伸的文咸西街後，南北行的轉口貿易更見興旺，文咸西街甚至俗稱為「南北行街」。所謂南北行，即分作「南線」與「北線」的出入口及轉口貿易行業，南線指東南亞的土產和食品，北線就指內地出口貨，貨品包括蔘茸、藥材、海味及食品調味品等。這種轉口貿易是香港中藥材貿易的開始。初時，南北行商店集中在上環文咸西街、文咸東街、永樂街及高陞街等幾條街道。所以，要說香港涼茶所用的藥材，除了店家自行採摘外，相信早期已然是南北行貿易鏈中的其中一環。

　　此外，除了採摘野生草藥對從業者的人身容易造成危險外，自行採摘草藥需要專業知識，萬一錯認藥材，後果非同小可。

　　自一九三〇年代起，已可見到報章上報導有關「飲涼茶中毒」的新聞。可是，新聞多只將事主不適與其曾飲涼茶扯上關係，但也無證據顯示事主確實因飲涼茶而中毒 [35]。

　　不過，這畢竟牽涉到藥材安全的問題。為了避免意外，以及考慮到成本為前提下，涼茶舖多不會自行採摘野生草藥，而是全部透過貿易而來。

三店伴飲涼茶中毒
入院洗胃後略涎醒

今晨審時、德忖道中某涼家、有夥伴三人中蔣暈倒、後由司理電往整署報案、當值幫辦據報、立派出醫探前往查究、並召十字車到場將該三人送入瑪利醫院救治、由醫生為之洗胃後、略為清醒、查該三人之姓名、（一）林根、（三）馬蘇、（二）高令、十九歲、（二）十六歲、其中毒之原因、係昨晚往購得某種涼茶返店煮飲、其時三人則每飲一碗、飲後約距一小時左右、三人突然嘔吐暈倒、幸电霱非藥、不致大礙、醫探訊問各人口供華、乃囘署存案云。

《工商晚報》，一九三八年五月二十五日。

　　一般而言，涼茶的藥材大部分來自廣東省及廣西壯族自治區，但亦有些藥材產自其他省市。香港的中藥材商號，早期需要成為「香港南北藥材行以義堂商會」的會員 [36]。自一九五〇年代起，內地實行計劃經濟，國務院指定外貿公司「德信行」作為出口中國中醫藥物產的總代理 [37]，並按地區撥調配額方式出口藥材，又劃定天津、上海及廣州作為統一港口，嚴格控制藥材出口。而香港的以義堂商會則成為本地唯一與德信行作貿易的對接單位，換言之凡經銷內地藥材、中成藥或藥酒之行號，必須加入以義堂商會的會員方能取得德信行的藥材貨品，再分銷至門市。

　　這種統一出口的做法，目的是保障藥材行業之利益，由於不同地區會出產不同的藥材，有時某地某類藥材維持艱難，德信行就會分配其他暢銷產品予生意上遇到阻滯的出口公司，以保持業內的營業額平衡。

[35] 不論 1937、1938、1950 至 1977 年，皆可見到有關飲涼茶中毒的新聞，這些中毒新聞，有事主從某處購得涼茶料回家煲煮，亦有事主自行採藥而煲煮。

[36] 1927 年由藥材業界成立的商會，為當時行內利益之爭時有發生，商家為可以維護行內利益，於是籌組商會，初時入會要求極其嚴格，商號需要在香港設有行號及倉庫，代客銷售或自辦中國南北各省藥材者，方可成為會員。參考自《香港南北藥材行以義堂商會　85 週年會慶紀念特刊》

[37] 香港德信行有限公司，成立於 1946 年，1954 年進入華潤集團，早期經銷藥材土畜產、茶葉、皮革、煙草及進出口代理。現為華潤醫藥商業集團有限公司北京德信行醫藥科技分公司。

因此五十年代起，香港藥材行就有代理的雛形，由德信行統籌，分銷至香港以義堂商會的會員作批發，再分銷至其他藥材舖作零售。加上由於內地的交通及運輸不便，自華北進口的藥材會經過香港再運上廣東等地。雖然行內有德信行及以義堂作一個總代理的角色，但亦有其他的經營方式，例如香港的中藥行開始派人到內地直接接洽買賣，香港的中藥商直接跟天津、重慶及廣州等地的藥業單位在當地合組公司，自行採購藥材直接在香港出售。

這種透過代理或直接洽商入口藥材的做法，保障了藥材的質量。正因為採藥行業逐漸式微，香港的中藥材完全依賴入口，由是減少了因採藥而發生的意外，同時因為誤認藥材而引致中毒的情況就很少出現。

香港涼茶及其產品的發展

涼茶種類很多，香港常見的涼茶也有多種，這些藥材原本是隨處可見或容易購得，但涼茶所用的藥材，基於兩個主要原因而逐漸少見於市面。

與傳統「醫藥分流」不同，香港因特殊的歷史背景而出現「醫藥合流」的運作模式，一般由駐診醫師診症後開方，他們甚少使用地道野生涼茶草藥。加上，現今在家煲煮涼茶的情況也大為減少，在缺乏需求下，中藥店自然減少購入地道茶涼茶草藥原料，

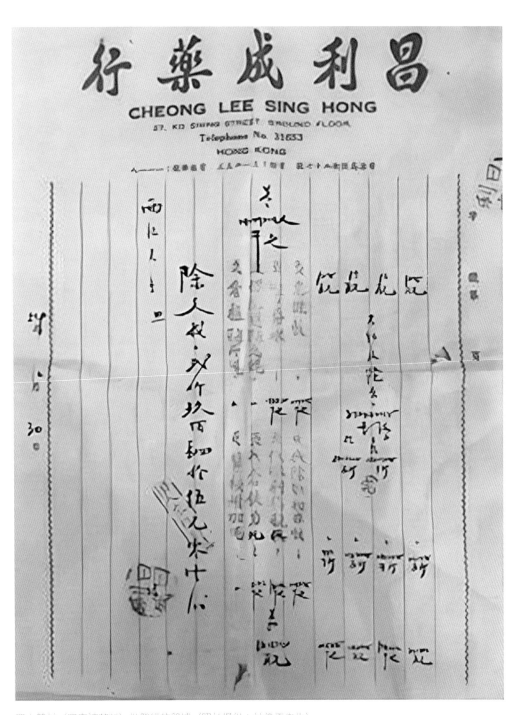

西土藥材（廣東涼茶料）批發行的單據（照片提供：林偉正先生）

最多只會製作涼茶包如祛濕茶、五花茶或夏枯草茶等較常見的材料，以應社會所需。於是，如鴨腳木、崗梅根、布渣葉、五指柑等地道涼茶草本已很難在門市中購買得到。

野生採集的生草藥（生藥）經過晒製和加工等工序變成可延長存放期的熟藥（藥材），再經過煲煮而變成涼茶飲品。涼茶既為華南地區普遍的保健飲品，但何時成為一門生意，於今已難以考證，但普遍相信王老吉涼茶是香港的涼茶舖鼻祖。

一八九七年，王澤邦（吉叔）之孫王恆裕在香港文武廟直街（今荷李活道）開設「王老吉遠恆記」，並將王老吉「杬線葫蘆」的商標在英國所有屬地註冊，是英國第一個註冊的華商商標。根據《創業垂統》所述，當時王老吉在省城（廣州）及香港均有設店，但由於香港已是英屬殖民地，加上國內形勢動亂，「香港是自由港，外銷貨品佔了優勢，反觀省店的生意，恆輝他們主要做本銷，銷路當然不成問題，但要財源廣進則比較困難，因為當時國內到處戰亂，多處通商口岸已被封閉，外銷成了問題。故此外埠客戶全部由港店包攬。」[38] 事實上，到了第三代王恆裕先生，萌生將王老吉涼茶推廣到世界各地的想法。當時訂明，以後凡是王老吉遠恆記的子孫，均可以將王老吉出口到英國各地。適逢南洋爆發特大流感，缺少醫藥，因為港店有出口註冊商標的優勢，王老吉涼茶能便捷地出口至南洋各地，作為應急藥品，銷售大增，產品供不應求。

直至一九二五年，香港王老吉涼茶庄受邀到英國倫敦的「溫庇中國產品展覽會」展示涼茶包[39]，可能是最早期將涼茶推廣至歐洲的品牌。王老吉是香港開埠後比較有具體記錄的涼茶店，亦是除中成藥外早期能分銷到海外的中藥製品，雖然相傳是出自道士傳授的藥方，但其所用的藥材不少是嶺南地區常見的物種，按其成分包括：水、白砂糖、仙草、雞蛋花、布渣葉、菊花、金銀花、夏枯草及甘草等，除夏枯草及甘草需要由外省入口外，其他可直接取材於嶺南地區。可是，王老吉越是有名氣，無可避免地有人偽冒商標圖利。

第一、二次有偽冒王老吉涼茶的事件，始於一九四〇年，當時有另一涼茶舖出售王老吉包裝的涼茶包，後來中央巡理府[40]以該號「非故意圖騙，且其沽出之價錢，又非平賤，只判將其貨充公，惟向其司事人警告，嗣後不得發賣此等假貨」。[41]另一次，則因廣州王老吉遷澳門，因「匯水問題」，故有香港另一商號代辦一箱涼茶暫存香港，由於該箱涼茶並非香港王老吉之出品，同時該商號有出售此批涼茶之可能，故香港王老吉提告後，法官判香港王老吉勝訴，充公該批涼茶。[42]此情況直至戰後亦時有所聞。

[38]王健儀：《創業垂統》（第二版），香港：王老吉涼茶庄。1987 年。頁 68。

[39]同上註，頁 69-71。按書中所記，當時獲邀參展的中國產品包括天喜堂老婢調經丸、釗龍氏補腎汁，以及其他華資公司的產品。

[40]即裁判署。

[41]《香港循環日報》，1940 年 2 月 2 日。

[42]《香港石山日報》，1940 年 4 月 11 日。載於王健儀：《創業垂統》（第二版）。頁 106。

四十年代王老吉涼茶精包裝（正面）　　　　四十年代王老吉涼茶精包裝（背面）

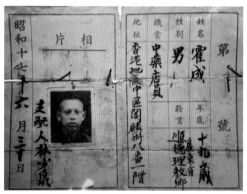

王老吉涼茶包材料，按其包裝標示的成分為：崗梅、　日佔時期的涼茶工人證（照片提供：林偉正先生）
桑、廣金錢草、布渣葉、黃牛茶、榕樹葉、金櫻子、
秦柏、淡竹葉、木蝴蝶。

［香港非物質文化遺產系列：涼茶］

　　後來到日佔時期（一九四一至一九四五年），香港的貿易活
動停頓，王老吉涼茶的外銷同告暫停，只是本地的業務倒是未受
太大影響，因為戰時的公私立醫院都有人滿之患，或者被日軍徵
用作軍人醫院[43]，加上經濟問題，普羅市民難以到醫院求診，造
就了飲涼茶以除病的做法可在戰時風行，除了在涼茶舖即時飲用
外，售賣涼茶包的業務亦能維持。據《創業垂統》所述，當時甚
至連日本人都會光顧王老吉[44]。

　　王老吉的業務在戰時未受太大影響，這有賴於涼茶的特性：價廉、煲製過程簡單及有保健作用。於是在西醫未普及的社會環境下，普遍市民會依賴涼茶，雖然未有其他資料或文獻記載，但相信其他區域的涼茶舖亦有相似情況，以致涼茶舖是少有經過日佔時期洗禮而不致於沒落，或維持至戰後，未需要特別致力復興的少數行業之一。

　　直至重光後，貿易才恢復，王老吉的業務此時再度興旺起來。除了開設分店外，更研發一種即沖涼茶以應付社會殷切的需求，即是「涼茶精」。據《創業垂統》所記，涼茶精是「利用濃縮涼茶藥料滲透入茶葉內，再經過焙乾後才入袋包裝。當需要飲用時，只須用沸水浸十分鐘，即可飲用，效果與涼茶相同。」[45]

　　涼茶精的誕生，多少因為市民對涼茶的需求劇增，但當一種更為便利的產品出現之後，往往就可跟其原本分庭抗禮。此前，王澤邦所創的涼茶在省城打出名堂後，不久就馳名國內，於是就開始售賣涼茶包，以涼茶藥料按分量包裝好，讓客人購買後回家自行煲煮，這是涼茶作為商品，以水碗茶的形式出現後一次重要發展，亦是將涼茶推廣到嶺南地區以外的重要里程碑。

[43] 例如日軍佔用了掃桿埔的東華東院作陸軍醫院。當時在香港稍具規模的醫院有十來間，分別為瑪麗醫院、西區傳染病醫院、西營盤醫院、精神病院、贊育產科醫院、西區麻瘋病院、那打素醫院、九龍醫院、荔枝角醫院及東華三院。

[44] 王健儀：《創業垂統》（第二版），香港：王老吉涼茶庄。1987 年。頁 120-121。

[45] 同上註。頁 125。

早於王澤邦時期，涼茶包已透過到外地謀生的廣東人帶到海外諸如星加坡、馬來西亞以至美國等國家，至一九二五年王恆裕將涼茶帶到英國參展，可說二十世紀初涼茶已有一定的國際知名度。如果說中藥材早期是由南北行、藥材商會如以義堂、寶壽堂[46]、中藥聯商會[47]，以至後來經代理如德信行向內地洽購各省市藥材，而形成的一條明確的商業鏈，那涼茶卻是一種借助民間流動而趨向國際化的產品。

涼茶所用的藥材通常都比較普遍，所以在供應批發鏈仍然可以找到，只是零售的涼茶料於今難以在藥材舖中尋得。不過，即使是同一種涼茶用藥，由於產地的氣候和水土各異，經過煲煮之後，其味道及顏色也可能會有所分別，只是對其原本的藥效沒有太大影響。

雖然透過總代理可以購辦涼茶料，但有些涼茶企業為着一種藥材可持續發展的考慮，會直接向藥材產地購辦藥材。這種做法見於「健康工房」這種新式涼茶業者。

所謂涼茶藥材的「可持續發展」，就關乎到藥材種植的問題。由於很多藥材農地都發展成工業園區或新興城市，為了要在供求需要上盡量保持平衡，所以除了藥材本身面對瀕臨絕種的問題外，過度培植（或以非自然方法培植）成為了確保藥材出口的途徑。而最重要的問題是，過度培植，或成長環境擠逼及化學方法

培植的藥材，有藥效的成分會大大減低，甚至完全流失，所以，為了確保涼茶中的有效成分能保留，健康工房會很精細地選擇藥材，例如針對其味道而選購。

有時就算原本是當地的地道藥材，但因需求過多，也會有過度培植的問題，所以就要找一些可持續發展的方法。即使到原產地採購，負責人也會要求藥農以適當的方法種植，不可添加激素及催生劑等，也得留意着藥田的負荷，實行輪耕，有些藥材一年只生長一造的話，就不可以超過一造，健康工房就以買家的身份來跟藥農規定，並於收成時派員到當地，抽取草藥樣本、泥土及水源回香港化驗。這種做法雖然令成本劇增，草藥的來貨價亦會較以往高昂，但以保留藥效成分為首要考慮的話，是健康工房的一種營運模式[48]。

生產涼茶後，更需要在包裝上向消費者說明該種涼茶（或飲品）的成分及藥效，健康工房就會在招紙上印上相關資料，例如其中一種「木棉花茵陳祛濕茶」，就標明：

適合：熱體體質
產品宣稱：清肝火，明雙目，利脾濕，祛濕熱。
有助於：
・清熱利濕，將脾胃濕困排走
・清除肝火，保養眼睛，使身心舒暢愉快

[46] 1912 年創立，全名為「香港蔘茸藥材寶壽堂商會」。
[47] 1928 年創立，全名為「香港中藥聯商會」。
[48] 健康工房口述訪問，訪問日期：2021 年 4 月 3 日。

歸經臟腑：肝、脾、胃

食性：涼

成分：水、冰糖、木棉花、車前草、夏枯草、羅漢果、菊花、金銀花、綿茵陳、雞蛋花、甘草

另外，「羅漢果夏枯草茶」就標明：

適合：熱體體質

產品宣稱：清肝熱，滋潤咽喉。

有助於：

‧清除肝肺燥熱，滋液潤燥

歸經臟腑：肝、肺、腎

食性：涼

成分：水、夏枯草、片糖、羅漢果、土茵陳、冬桑葉、甘草

「綿茵陳雞骨草茶」：

適合：熱體體質

產品宣稱：清肝濕熱，疏肝利膽。

有助於：

清除肝膽濕熱，疏利肝膽，舒緩眼睛疲勞乾澀

歸經臟腑：肝、脾

食性：涼

成分：水、雞骨草、片糖、山炭母、綿茵陳、蜜棗、生薏米、羅漢果、甘草

「廿四味」：

適合：熱體體質
產品宣稱：清熱毒，袪濕瀉火。
有助於：

· 清熱瀉火，利濕消滯
· 清除體內熱毒

歸經臟腑：肝、脾、肺
食性：寒
成分：水、崗梅根、木患根、水翁花、救必應、相思籐、苦瓜乾、涼粉草、布渣葉、土茵陳、榕樹鬚、黃牛茶、山芝麻、地膽頭、蘆根、生地、木蝴蝶、三椏苦、甘草、羅漢果、苦參

值得留意的是，除了廿四味之外，涼茶多會加入糖為必要成分，不同的涼茶會加入不同的糖，這留待下一章討論。健康工房是集團式經營，但社區中常見的涼茶舖，就不可能動用如此高昂的成本製作涼茶。

涼茶的發展，如果簡單地着眼於產品的改變，可表述如下：

自家煲煮 → 涼茶舖（水碗茶）→ 涼茶包 → 涼茶精 [49] → 罐裝／樽裝／紙包涼茶 → 顆粒沖劑

---

[49] 有關涼茶精的記述並不多，報章的報導亦乏善足陳，於 1970 年 11 月 12 日的《大公報》曾有報導題：「『涼茶精』到港供應」，此涼茶精由宏興公司經銷（按：宏興公司為一家開業於 1958 年的國貨公司，當時位於旺角砵蘭街），並謂「此新產品係根據『廣東涼茶』處方提煉製成晶體狀」，「味道、功效與涼茶完全一樣，每小包可用滾水沖泡一碗」，「適應四時感冒、發燒發熱、口舌臭苦、燥熱喉痛、生津開胃」。從上引描述可見此品功效實與涼茶無異，惟屬何種涼茶於今已難以考證。而同為「涼茶精」，此種「晶體狀」的涼茶精有別於王老吉產品。

涼茶雖然從古醫書中已略有記載，但自王老吉的故事開始，一直都是回應社會所需而生的產品，不論因應嶺南地區特有的氣候、為消除瘴癘以至防治疾病，市民對涼茶的需求可說沒有減退。雖然採藥行業沒落，涼茶舖亦不見得如上世紀中葉般成行成市，但從涼茶產品的發展可見，透過現代科技研發成新產品，絕對是與時並進。

至今，不少家庭仍然會自行購買涼茶包（即藥材舖預先包裝好的涼茶料）回家煲煮，但研發涼茶精，以至罐裝、樽裝、紙包涼茶及顆粒沖劑，更容易將涼茶推銷至其他地方，涼茶已不限於嶺南地區，而是成為一種不可缺少的預防疾病保健飲品。

本地雜貨舖售賣多種涼茶料包。

第五章

本地涼茶
製作技術與類型

第五章
本地涼茶製作技術與類型

> 「凡服湯藥，雖品物專精，修治如法，而煎藥者魯莽造次，水火不良，火候失度，則藥亦無功。」
>
> ——《本草綱目》

由傳統自家煲煮涼茶到現代的樽裝飲品、顆粒沖劑等涼業產品，均循着「方便」的方式前進發展，改變相當巨大，甚至可以說相當革新。

家庭煲煮的涼茶

先談談家庭煲煮的涼茶。一般而言，家庭煲煮的涼茶款式多是五花茶、夏枯草茶、雞骨草茶、田灌草茶、酸梅湯等藥材數量較少的複方類型，這些涼茶的煲煮方法簡單，也不需要特別講究。通常買回涼茶料／包之後，先以冷水浸泡藥材，目的是將藥材僅餘的雜質如砂石及塵埃等洗淨，及以水分滲入藥材便溶解更易釋出養分，然後將藥材放進涼水，一起用武火（大火）將水煮沸，跟着轉文火（小火）煲煮約三十至四十五分鐘即可。

當然，不同種類的涼茶也有不同的煲法，例如質地較硬的藥材如雞骨草之類，就需要較長時間浸泡至軟化。浸泡時間也很講究，花、葉及草類藥材不宜浸泡超過二十分鐘，果實、根或莖類就可浸泡約一小時。另外，如果是如五花茶及夏枯草等較軟身或薄弱的藥材，則不需要煲煮太長時間，各種煲煮方法不一而足，

但基本上由浸洗到煲煮，一般家用涼茶大約一小時可煲煮完成，允稱便捷。

　　講究的話，涼茶也有多種的煲煮方法，這在工具、火候以至用水，均可有相當的考慮。首先，跟一般理解煲煮中藥的考慮一樣，煲涼茶不宜用金屬器皿；第二就是「火候」，《涼茶天書》就對火候的掌握說述甚詳：「傳統中醫將煎煮中藥湯劑的火力按大小分為武火、中火（又稱「文武火」）和文火三種。古人云：『發散芳香之藥不宜久煎，取其生而疏蕩；補益滋膩之藥宜多煎，取其熟而停蓄。』『病在下宜文火，病在上宜武火。』又曰：『補藥宜封固細煎，利藥宜露頂速煎。』涼茶中用的中草藥通常為芳香發散之物，故宜用武火煮沸後改用中火再煎二十至三十分鐘，二煎時間宜控制在十五至二十分鐘之間。如用電藥壺宜選用『快火』檔。煎煮過程中可用潔淨筷子把藥物翻掀一至兩次，避免粘鍋並使藥物能充分受熱釋出有效成分。」[50] 最後就關乎到用水，只要是潔淨無雜質的水，無論是自來水或礦泉水均可。

　　還有，涼茶一般不會「翻渣」，即用完一次的涼茶料，不會再次煲煮，因為通常煲煮一次之後，涼茶藥材的藥效都已經發揮，再次煲煮更有機會釋出有害物質，所以涼茶料只用一次就已經足夠。要煲煮一煲涼茶，所用的涼茶料和水的比例大約是一比二，即一份涼茶料，加上兩份水就可以。

［第五章　本地涼茶製作技術與類型］

[50] 佘自強，《涼茶天書》，香港：海濱圖書公司，2011 年。

涼茶舖的涼茶

廿四味

　　至於涼茶舖的涼茶，種類比在家煲煮的涼茶多元，為着要應付每天的供應所需，所以煲煮涼茶在時間的控制方面會更為仔細。首先，涼茶舖多數會售賣廿四味，各間涼茶寶號就有不同的配方。

　　廿四味一直都沒有一個固定的定義，有些涼茶舖會用十多味藥材，更有些用到超過二十四味，而當中牽涉到的藥材就有超過三十種，包括：五指柑、木患根、苦瓜乾、蒲公英、地膽頭、救必應、三椏苦、毛射香、山芝麻、鴨腳皮、水翁花、九節茶、蔓荊子、金錢草、布渣葉、淡竹葉、崗梅根、榕樹鬚、鬼羽箭、黃牛茶、火炭母、相思藤、露兜根、金櫻銀、冬桑葉、白茅根、千層紙、連翹、紅絲線、白茶餅及海金砂。由此可見，只能說廿四味是一款色黑味苦的涼茶的總稱。

　　要煲煮廿四味的過程就較為繁複，根據春回堂涼茶的林偉正先生說，通常是根莖類的硬身藥材會先煲煮，一小時之後加入葉類藥材，再煲煮一小時後，在最後十分鐘加入易揮發的藥材，所以煲煮一次廿四味，連事前的浸泡過程動輒需要三小時以上。以

往從藥材商或南北行購入藥材後，可能還需要自行加工，雖然涼茶藥材一般不需要再炮製，但如果是根莖類藥材的話，就可能需要涼茶舖員工自行切割，例如木患根，以往購入的是一枚球狀的原藥，要使其出味，就需要切割成片狀，但現今購入的木患根，很多時都是已切割的片狀，所以在準備涼茶料時就免卻一些步驟。

所以，一般涼茶舖的員工，很多時在其開舖前的數小時就開始煲煮第一煲涼茶，其間還需要顧及攪拌藥材和煲煮其他涼茶如夏枯草、雞骨草及五花茶等。售賣龜苓膏的涼茶舖，更需要處理熬製龜苓膏的不同步驟。

龜苓膏

跟廿四味相似，龜苓膏的配方也有多種，一般來說可分為四種：

一、龜板、土伏苓、甘草、綿茵陳、生地黃、火麻仁、金銀花；
二、龜板、土伏苓、生地、金銀花；
三、龜板、土伏苓、涼粉草、槐花、金銀花、蒲公英、菊花、苦瓜；
四、龜板、茯苓、涼粉草、蜂蜜、金銀花、蒲公英。

通常令龜苓膏能凝固成膏狀的材料就是涼粉草，而製龜苓膏的過程，比廿四味需要更長的時間。首先是先行熬煮龜板與土伏苓大約四至五小時，其他藥材分開煲煮約一至兩小時，煲煮完成後將兩鍋藥湯混合，再放涼，此時涼粉草就會將藥湯凝固成膏狀，所以製作龜苓膏，從工序及時間而言，可能是涼茶舖產品中最複雜的一種涼茶 [51]。

根據謝永光醫師在《香港中醫藥史話》中所載，中醫醫籍中並沒有記載龜苓膏，龜苓膏只是一種民間藥，但又有說龜苓膏是清朝皇帝的點心，為皇帝治好某種疾病的良藥等 [52]。不論是民間藥或是御膳，龜苓膏早已在香港的涼茶舖中廣為人知，甚至是對涼茶舖的重要印象和標誌。

關於其他涼茶，由於多是花葉類及芳香類的草藥，所以煲煮的時間和工序上就簡單得多。尋常涼茶舖可能最少也提供五至六種涼茶，最常見的有夏枯草、雞骨草、感冒茶、葛菜水、火麻仁或白花蛇舌草茶等等，當中以廿四味及龜苓膏需要最長的製作時間，所以，若然早上十時開始營業，通常煲涼茶的員工於凌晨三時就需要開始工作。

COMMITTEE PAPER FH/12/73

MEMORANDUM FOR MEMBERS OF THE FOOD HYGIENE
SELECT COMMITTEE

Inclusion of Kwai Ling Ko (龜苓膏)
as Herbal Preparation

At the Food and Food Premises Select Committee held on 22.10.71, it was decided that the lists of Chinese Herb Tea and Non-Bottled Drinks provided in Committee Paper FFP/69/71 were acceptable and that any other form of herb tea or non-bottled drinks not listed would either need to be refused by the Department or referred to the Committee for consideration of inclusion on the lists.

2.   Recently, an application for permission to sell "Kwai Ling Ko" in Chinese Herb tea shop was received. Since this is not an approved item, approval of the Council has to be obtained before it can be sold.

3.   Investigations by the Health Staff revealed that there are various formulae for preparing "Kwai Ling Ko" but the following will cover all the ingredients whichever formula is being used :

(a) Kwai Pan (pieces of dried skeleton of tortoise)(龜板)

(b) To Fook Ling (土茯苓)

(c) Tai Sang Di (大生地)

(d) Lo Hon Ko (羅漢菓)

(e) Honeysuckle (金銀花)

(f) To Yun Chan also known as Min Yun Chan
    土茵陳或棉茵陳

(g) Chan Pei i.e. orange peels (陳皮)

(h) Kai Quat Cho (雞骨草)

(i) Tai Wong (大黃)

    (Remarks : Kai Tan Fa (雞旦花) may be used instead
    of Tai Wong.)

By using To Fook Ling and Tai Sang Di as the basic ingredients and then choosing two or three other ingredients in each instance, various formulae can be written out. However, merchants tend to use as few ingredients as possible in order to make better profits and Kwai Pan, pieces of dried skeleton of tortoise, is seldom used as it is very expensive.

4.   Sometimes, rice flour in small quantity is also added to give the product a "jelly-like" body but usually To Fook Ling and Tai Sang Di, two substances with high content of starch, are used instead.

\- 2 -

5.   As can be seen from the ingredients, "Kwai Ling Ko" is composed of Chinese herbs except Kwai Pan and rice flour which are seldom used and in general concept, it is rather a kind of herb tea than an item of food. It is therefore recommended that "Kwai Ling Ko" be included as an item of herbal preparation and that the situation be kept under review for a period of 12 months.

6.   It is not thought that Members are likely to object to this proposal. If no objections or requests for discussion are received by 8th June 1973, Members' agreement will be assumed and the Health Staff and the existing permittees of herb tea shops will be advised accordingly.

URBAN COUNCIL OFFICES,
4th June, 1973.   Ref. USD 638/49

Copies to :- CUC
              Hon DUS
              DD (S)
              DD (O)
              SUC
              AD (H)
              HO (HK)
              HO (K)(4 copies)
              D/SUC
              PRO
              EO (H)
              Supt (H) HK & K
              AS (L) 1 & 2
              PAHO (H)(4 copies)
              CHI (H) HQ (60 copies)
              SHI (Lic.) HK & K
              SHI (Pros.)

SWF/DC/at

一九七三年衛生署有關龜苓膏產品的報告。

[51] 龜苓膏既無定方，其製作方法也因人而異，但以龜板和土伏苓先熬煮，再分開其他藥材煲煮，再混合而成膏的做法，就大同小異，而香港的涼茶舖多用涼粉草使其凝固，若不用涼粉草，就會用粘米粉代替，亦有商家推出龜苓茶，功效相若，悉隨尊便。

[52] 關於龜苓膏的傳說，莫衷一是，的確，龜板並非傳統涼茶所用之藥材，有說是當時皇帝派駐兩廣的官兵難以適應嶺南地區的濕熱天氣，於是軍醫就開以龜苓膏服食，龜苓膏才在兩廣民間流傳下來。

涼茶精

涼茶精是王老吉在四十年代研製的產品，所謂涼茶精，是將茶葉浸泡於藥湯中再焙乾而成，其產品介紹為：「王老吉涼茶精於一九四六年創製，採選上等茶葉浸泡於提煉之祖傳涼茶，焙乾成含涼茶草本精華之茶葉。沸水沖焗十分鐘，即可飲用，功效超著，老少咸宜。」[53] 其建議的用法為將一至二湯匙的涼茶精加八安士沸水，這種「祖傳涼茶」就可不經煲煮而可飲用。

王老吉涼茶精，是一種浸泡過涼茶再焙乾的茶葉。

新式涼茶

　　所謂「新式涼茶」，指罐裝／包裝／瓶裝及顆粒沖劑。涼茶的發展一直順應社會需求，現代都市人生活繁忙，節奏急促，難以在家花上一小時自行煲煮涼茶，所以涼茶商就開始研發便攜式的涼茶飲料，這就牽涉到科技的問題，與及這些科技的應用是否能保留涼茶的藥效和功能。

市面販賣的樽裝涼茶產品種類繁多，價格低廉。

[53] 王老吉涼茶精包裝介紹。

有一種說法是，生產飲料裝的涼茶，藥材是不可以經過煲煮的，因為煲煮而成的涼茶保存期只有三數天，難以配合整個銷售過程。所以，在不添加防腐劑為前提下，要加長涼茶的保存期，就需要從涼茶料中萃取提取物，濃縮成涼茶液，再稀釋成涼茶，大量生產。

另一種說法是，根據《圖說廣東涼茶》中指出，包裝涼茶的製作過程涉及多重步驟：

清洗藥材後加水熱製 → 過濾 → 濾液 → 真空壓縮 → 酒沉 → 回收酒 → 真空濃縮 → 稠膏＋水＋蔗糖 → 涼茶液 → 過濾 → 高溫高壓滅菌 → 冷卻 → 入盒 → 封口 → 裝箱 → 入庫[54]

一般來說，煲煮而成的涼茶的保存期大約為三天，而大量生產的包裝涼茶，雪藏後保存期可延長至八至十天，但始終保存期有限，而顆粒沖劑就能解決涼茶保存期的問題。

顆粒沖劑的製作，同樣是要從藥材中萃取提取物及濃縮，並在濃縮液中加入賦形劑如蔗糖或澱粉等，將濃縮液賦形成軟材，再用機器壓成細粒，最後在包裝前將顆粒徹底乾燥。

糖與涼茶的關係和運用

　　不難發現，無論是煲煮的涼茶或是包裝涼茶，其成分都包含糖，例如煲五花茶、銀菊露等會加冰糖，夏枯草茶或雞骨草茶加入片糖，龜苓膏會加黃糖等等。這關乎到糖與中藥的關係。

　　在中藥，糖的作用並非單單是調味，甚至不同的糖類有不同的功效。紅糖可以補血、砂糖可以清熱、冰糖滋潤等，另一方面，體質偏熱者較適宜用冰糖或砂糖，寒性體質者就較宜用紅糖。不同的涼茶可以用不同的糖，糖可以減低涼茶的涼性，並像一部運送機器般協助藥力送到血液，這種說法有其藥理基礎，尤其是涼茶的藥性寒涼，一進入人體就會令血管收縮，需要借助糖的熱能將藥帶進身體，加強吸收力，不過，也不是所有涼茶都會用糖，除上述幾種外，廿四味及感冒茶就不用加糖。不同糖配合不同涼茶，甚至有說要懂涼茶，就必須懂得糖的運用 [55]。

與時並進

　　為便利現代人的節奏與生活需求，涼茶生產商便得投放更多資金和時間研發新產品和技術，而且要對涼茶及藥材有透徹的了解，才能製造出便捷又不失藥效的涼茶產品。

[54] 蔡華文編：《圖說廣東涼茶》。香港：萬里機構・得利書局。2017 年。

[55] 健康工房口述訪問，訪問日期：2021 年 4 月 3 日。

第六章

本地涼茶的發展：
由食品到商品到寶號

第六章

本地涼茶的發展：由食品到商品到寶號

從自家煲煮，到發展成涼茶舖，售賣水碗茶、涼茶包及涼茶精，再到大型的連鎖式生產，已可見涼茶在香港發展的脈絡。亦是一個因逐漸普及和適應社會發展，而由一個小型的手作式行業（由採藥至炮製藥材再到煲煮），趨向借助科技和工業技術來大量生產的工商行業。

所以，涼茶一旦成為涼茶舖所售賣的產品後，就需要受到政府規管，包括對市民採藥的行為及藥材貿易進出口規管 [56]。涼茶既為食品（飲料）及商品，自有相關的法例規管。前文已略述有關市民服用涼茶中毒的新聞 [57]。本章則會以相關牌照、法例及新聞，嘗試陳鋪涼茶作為食品及商品的一條發展脈絡，並以實例指出香港售賣涼茶的著名品牌有何種發展方向。

從涼茶的售價說起

中藥材有昂貴低廉之分，因為本身就有「就地取材」的特質，涼茶所採用的藥材往往是平價的草藥 [58]。草藥的售價便宜，煲煮的過程因茶種配方而異，但未算是技術性的工作，用具及器皿皆可循環再用，涼茶的成本並不算高昂，售賣水碗茶的涼茶舖，就是薄利多銷的生意。

早期涼茶的售價難以逐一考證，惟幸報章有側記，例如一九三九年一宗騙飲涼茶案，有一位名為雷十一的男子「騙飲

[香港非物質文化遺產系列：涼茶]

涼茶四杯，值銀四仙」。[59] 由此推斷當時一杯涼茶值銀一仙。一九三九年的物價多是戰前的重要指標，當時的人均收入大約每天六毫至一元不等，即一個月收入介乎十八元至三十元，物價方面，以白米、麵包及肉類等必需品為例，一九三九年每磅白米的售價大約為一毫，麵包每磅兩毫，豬肉及牛肉約於每磅五毫至七毫不等。如果以現今的指數來看，一碗涼茶大約售十至十二元，市民每月的入息中位數約一萬七千元至二萬元 [60]，可見以這種指數來說，涼茶一直以來都不是高消費品。

而關於涼茶要加價的新聞，就要數到一九六三年因制水問題，香港需要每四日供水一次，涼茶要由每碗一毫加價至每碗兩毫 [61]。其他涼茶舖因制水而要加價維持生計的，亦不計其數，最少也得加價五仙至每碗一毫半，當時有一則報導就頗為詳細：「有一部分涼茶檔，每碗涼茶起價五仙，涼茶、蔗水，過去一毫一杯，現售毫半。佐敦道一間涼茶舖，蔗汁大杯由四毫起至五毫，細杯

[56] 見第四章〈從生草藥到供應鏈：香港涼茶貿易〉。

[57] 見「香港的草藥貿易」，第四章〈從生草藥到供應鏈：香港涼茶貿易〉。

[58] 藥材的售價本章不贅，一般而言，藥材的售價會隨着社會發展或通貨膨脹等因素而上升，亦有因特殊情況而改變。姑以 2021 年的少量數據作參考：自市區的藥材舖中購得淡竹葉兩扎、夏枯草一両、雞骨草一両、甘草一両、火麻仁一両、白花蛇舌草一両及柴胡一両，總數計港幣十五元。

[59] 《工商晚報》，1939 年 6 月 10 日。

[60] 涼茶售價由實地考察所得，入息中位數乃自網上查得的 2021 年 3 月數據。

[61] 《華僑日報》，1963 年 5 月 31 日。按：1963 年香港全年的降雨量為 901 毫米，遠遠少於之前每年平均降雨量約 2,400 毫米，於是由 1963 年 5 月 2 日起，開始實施制水措施，每天供水三小時，至 5 月 16 日改為每兩天供水四小時，到 6 月 1 日更改成每四天供水四小時，直至 1964 年 5 月 27 日，因颱風關係帶來大雨，才得以取消制水措施。這對各行業的影響極大，不單涼茶業，另受影響的包括豆製品行業、浣染業、浴室業及理髮業等，不一而足。

由二毫起至二毫半，火麻仁亦由每杯二毫起至三毫。」[62] 以百分比算，最少也加價兩成五，當年制水對業界的影響不容小覷。

不過，即使制水的影響甚是明顯，當時社會上亦提出另一個問題，那就是涼茶加價是否因為糖價調高？這確實明示涼茶舖煲煮涼茶時需要大量砂糖，當份報導所列舉的涼茶如下：錢菊茶、蔗汁、蔗水、杏仁露、火麻仁、酸梅湯、葛菜水、伏苓茶、五花茶、天葵茶、雪梨茶及銀菊露[63]。涼茶與糖的關係可謂秤不離砣，故當年涼茶加價不單因為制水，或許與糖價亦有密不可分的關係。不過，一九六四年五月開始放寬供水，涼茶劑及祛濕劑等藥材亦回復暢銷[64]。

穩定供水後，涼茶回復暢銷，可能涼茶商亦因此而下調價格，直到一九七〇年，社會上掀起一片加價潮，涼茶再度由一毫一碗加至兩毫一碗[65]。這次的加價主要因為經濟增長，當年的報章普遍報導，因為租金、來貨價、工人薪金增加等，導致一股加價風，涼茶亦在此一行列之內。

現今涼茶舖出售多種涼茶，通常水碗茶的售價大同小異，港幣十元就可以買到一碗五花茶、雞骨草茶或夏桑菊等，廿四味的售價或許會稍為昂貴，反而不同涼茶舖，就可能會有不同價格的感冒茶，例如有寶號售賣約十一元普通涼茶的同時，感冒茶就售二十五元，當然，售價的高低，就取決於所用的藥材了。

涼茶第一家的舖面。

　　一般而言，涼茶舖內最昂貴的產品就是龜苓膏，不同寶號售賣的龜苓膏價格浮動很大，由三十多元一盅至上百元一盅不等，跟感冒茶的情況相似，售價取決於所選用的藥材，涼茶無定方，造就了不同寶號的營商方法。

　　另外，除了水碗茶之外，亦簡單記錄涼茶精的售價作參考。例如一種根據「廣東涼茶」而製成的涼茶精，由宏興公司經銷的零售價為「每盒五打，每打零售一元」[66]，時至今日，王老吉是少有仍出售涼茶精（草本）產品的寶號，現今的售價為一包（約一百一十克）港幣六十八元。

[62]《大公報》，1963 年 6 月 2 日。
[63]《香港工商日報》，1963 年 6 月 6 日。
[64]《華僑日報》，1964 年 5 月 31 日。
[65]《大公報》，1970 年 3 月 15 日。《華僑日報》，1970 年 3 月 16 日。
[66]《大公報》，1970 年 11 月 12 日。

［第六章　本地涼茶的發展：由食品到商品到寶號］

涼茶是小本經營，要維持生意，先決條件是有需求。普遍市民對涼茶的功效大概略知一二，所以在預防疾病的層面上，涼茶應可維持一定的銷路。有時會有特殊情況，更有可能增加涼茶的「知名度」，例如一九五〇年《大公報》就提供了一個很有趣的數字，當年熱浪襲港，氣溫高達攝氏卅三度，市民的消暑方法層出不窮，冷飲雪糕的消費大幅上升自是不在話下，連帶涼茶的銷情亦似乎有顯著增長，據該報導所指，「涼茶的生意空前興旺，王老吉、菊花茶、金銀花、崩大碗、竹蔗水等，每天要賣出二十萬碗。」[67] 以一九五〇年香港二百多萬人口來說，這個涼茶的銷售數字可謂驚人。

售賣涼茶何時開始需要領牌？

當涼茶製品作為公開售賣的飲品，這就涉及公眾衛生的問題，加上飲品性質具有醫療效用，明顯與一般果汁或尋常飲品有別，因此受到政府的規管自是理所當然的。過去，因有市民飲用涼茶後中毒的事件，於是政府開始規管中藥材貿易，包括對中藥材種類作分類及來源認證[68]。與此同時，亦開展對製作涼茶飲品的店舖及店面衛生環境等加以規管。

目前最早見到有關涼茶舖衛生情況的記載，是一九四〇年一宗「紅磡涼茶店 多家被控 認為有碍衛生各被罰五元」的報導，

當年為紅磡的潔淨衞生幫辦認為區內多家涼茶舖有衞生問題，而提告於九龍巡理府[69]，最後店家更各被罰五元，倘有再犯者更會加重罰款。[70] 同時，據此報導有另一粗略記載，就是一九四〇年間香港的涼茶舖數量已近一千，按一九四一年香港人口約為一百六十萬來說，涼茶在三四十年代的需求也不為少數。

發生衞生問題之後，為公眾利益者着想，規管自是在所難免，最好的方法就是發牌或立例。直至一九四九年，市政衞生局始宣佈，「凡售賣以中國藥物（茶除外）製成之飲品，如涼茶、茅根竹蔗水、生魚野葛菜水等之店東，務須注意一九三五年第十三條則例，即公共衞生（食品）則例內載第二條附例，即限制售賣某種食物以防止疾病之附例之規定，儘速以書面向本秘書申請執照，倘於一九五〇年四月一日以前仍未領取該項執照者，將被命令停業。」[71] 申請執照當然需要條件，這些條件視為當局對規管涼茶舖衞生問題的指引，自一九四九年十二月公告後，一九五〇年一月再公佈相關之〈涼茶店衞理規則〉，有關規則如下：

> 甲・置適合之洗濯設備，其形式為設有適當去水閘之水圍基[72]，接於該屋宇核准營業部分之水渠，井所用之水，須由公眾水喉接；

[67]《大公報》，1950 年 7 月 15 日。
[68] 見「香港的草藥貿易」，第四章〈生草藥到供應鏈：香港涼茶貿易〉。
[69] 即裁判法院。
[70]《天光報》，1940 年 8 月 2 日。
[71]《華僑日報》，1949 年 12 月 20 日。
[72] 水圍基是廣東話，指砌在大井、井台、洗刷台或廚房備料台四周等處作攔水之用的突起條狀欄。

放在涼茶枱旁，用以煮熱水，清洗消毒瓷碗的熱水撐，由於已改用即棄紙杯，所以已經停用多年。
（照片提供：林偉正先生）

乙・置適當之消毒設備，以便用沸水或市政衞生局認可之其他消毒品，將飲品器皿消毒；

丙・置適當之設備，以便洗濯清潔之飲品，器皿自行蒸發吹干；

丁・器皿不得用布抹干；

戊・破裂之杯碗及玻璃盅等不得使用；

己・置適當之設備，以防蒼蠅塵埃及唾沫，將器皿及售賣品污染；

庚・除上述外，如衞生當局，認為需要增訂其他之規則，均須遵守。

又悉：凡經營生藥涼茶店，由本年起，年須繳納牌照費一百二十元，並須於三月底前清繳。該業商會，如限期過速，恐一時難於辦到，經呈文當局，請准予展期繳納，以恤商艱。[73]

　　這些規則自然引起業界的反應（後文再述），值得注意的是，根據同期的報章報導，當時全港的涼茶店大約有六百多家，與一九四〇年約近千家之數有相當差距，這顯然是受到二戰影響所致。重光後，社會需要時間復甦，因此在一九五〇年未達十年前之數，實不足為奇。

　　至於牌照的問題，於當年來說是「新穎」的做法，不少涼茶店店主乃普通市民，對於申領牌照的手續等顯然不能及時掌握，所以政府透過報章向公眾介紹有關的辦法。一九五六年四月十一日《工商日報》中就對新開涼茶店申領牌照的問題，有詳細的指引，為「申領涼茶店許可證辦法簡易指南」，茲引錄如下：

涼茶店定義：

　　在本手冊出版之日，涼茶店乃指一幢樓宇或其一部分用作配製售賣涼茶者。

申領許可證辦法：

　　首先須自視能否遵守載於下列各頁之各種條件，倘意欲經營之生意，係在該條件範圍之內者，應向郵政大廈四樓市政局辦事處索取申領表格式紙，或具函該局秘書索取亦可，所需之格式紙，將面交或經郵遞，均不收費。如更欲獲得一份涼茶店附例者，可向市政局秘書購買，對於最新出版之附例，務希小心閱讀為要。

[73]《香港工商日報》，1950 年 1 月 21 日。

所用樓宇：

有等政府地契及分契，包括限制其樓宇用途之條件，故申請人須確悉在其租約及地契上，並無禁止開設其意欲經營之生意規定方可。此點並非本局之責任，所有本局發出之牌照，並無給予任何權力廢止地契上或任何互訂租約上之條件。為本身之利益計，切不可在未獲悉本局各種條件前進行改革修葺或裝飾樓宇。市政局收到所呈之申請書後，將派出衞生督察一名前赴其樓宇觀察，並由該員繕就報告書，由上司轉呈市政局核奪。市政局對該申請書慎加考慮之後，將用書面向申請人通知所呈之申請書是否獲得批准，如獲批准，申請人可能須要遵守函內所列之若干條件，與所呈申請書有關之各項事宜，均由市政局小組委員會辦理。如對其決定有不滿處，得向市政局上訴，惟上訴人須向秘書以書面先行申述理由。

樓宇之大小：

所用樓宇，其闊大程度須足夠為營業之用，而不致擠迫。

建築上之各種條件：

所用樓宇，須為固定建築物，而須光線充足，空氣流通，該樓宇內之構造及其裝設之任何部分，切勿使有中空及不能通達之地方。

發證前各種條件：
發證前申請人須設備下列：
A. 一個適當之盆，或其他容器，以便於消毒前將瓷器用具洗

[香港非物質文化遺產系列：涼茶]

濯；

B. 須有足用之垃圾桶，以盛載全日之垃圾；

C. 所有職員，須接種洋痘及接受防疫注射。

領證後各種條件：

領證後申請人須保證下列：

A. 不得使用破裂之碗杯及玻璃器皿；

B. 所有碗杯及玻璃器皿，一經顧客使用之後，即須徹底洗淨，放入鍋內，以沸水消毒；

C. 除在合法之廚房內，凡製茶及消毒用之沸水，應用煤氣或氣力為之，又除在合法之廚房內，不得在其他地方使用毫無遮蓋之火作任何用途；

D. 除得消防局長許可外，不得使用容量超過半加侖之汽爐；

E. 所有職員，均按期接種洋痘及接受防疫注射；

F. 洗淨之碗杯及玻璃器皿，均須置於蒼蠅及塵埃不能侵入之櫃內，任其蒸發自乾。凡使用布帛拭乾洗淨之用，均屬禁止；

G. 須在樓宇內營業不得佔用行人路；

H. 所有擺賣之涼茶，應以適當方法使其免受蒼蠅及塵埃之沾污。[74]

　　而在香港申領涼茶店的牌照所須遵守的條件中，可見涼茶作為商品，及其營運的模式，早於一九五〇年已有所規範。而這種規管，即使經過修訂，至今仍然適用，只是以上的規例中，多針對售賣涼茶的環境而言，雖然中藥材同期也有貿易上的規管，但

[74]《香港工商日報》，1956 年 4 月 11 日。

在製作上，當時的規例亦只着眼於用具器皿上的衞生問題，在現行的「涼茶許可證」中，就在舖面的設置上加上一條特有的規例：

1. 天花及內牆

所有天花板及內牆，如表面沒有鑲皮、鋪上磚片或鋪以不透水物料，則必須髹掃灰水或漆油。

2. 天花／閣仔／樓梯的底部

木建的樓頂或閣樓或樓梯的底部必須鋪密，以盡量防止樓上塵埃墮下。

3. 食水供應

除非食物環境衞生署署長批准使用其他水源，否則必須在樓宇內裝設自來水喉。

4. 碗碟洗滌室

須在店舖設置 X 個（按：衞生署按店舖規模而決定數量）以光面陶、不銹金屬或其他認可材料製造的洗滌盆，長度至少 450 毫米（由盆頂的內緣起量度）。每個洗滌盆須與公共自來水管或署長認可的水源連接，並須裝置廢水管，連接至合適的排水系統。

5. 消毒設備

須在店舖設置 X 個（按：衞生署按店舖規模而決定數量），以便將所有用以配製或進食食物的碗碟、玻璃器皿或其他用具消毒，且須備有穿孔金屬托盤或鐵絲網狀隔水托盤，以裝載正在消

[香港非物質文化遺產系列：涼茶]

毒的碗碟等用具。除此之外，亦可設置洗碗機或使用殺菌劑。洗碗機的類型或殺菌劑的種類，必須獲署長核准。[75]

6. 存放飲食用具

須設置碗碟櫃，以存放營業時所使用的用具、碗碟及刀叉。

7. 配方

處所內售賣的每種涼茶的配方內各種材料的分量須獲衛生署署長核准。為此，須向食物環境衛生署署長提交擬於處所內售賣的每種涼茶的配方，以及配方內各種材料的分量，以便食物環境衛生署署長把該等資料送交衛生署署長審批。

值得留意的是，涼茶店雖然是跟中草藥息息相關的行業，但涼茶並不在《中醫藥條例》（立法會於一九九九年通過）的規管範圍，而是受《公眾衛生及市政條例》（香港法例第一三二章）規管。從一九五〇年開始頒佈規例後，至今涼茶舖的營運方式也轉變甚巨，店主除申領涼茶許可證作最基本的營運條件外，亦需注意到不同的產品或商品是否需要申領合適牌照，例如有製作瓶裝飲品或涼茶有關的業務時，就需要向食物環境衛生署申領「食物製造廠牌照」或「售賣限制出售食物許可證」，其中一個申請條件，就是需要上報涼茶的配方及所用材料的分量，如有需要，衛生署會就申請店舖上報的配方、材料及其分量提供專家意見，確保市民可以安全飲用，所以，很多時候涼茶寶號的所謂「祖傳秘方」，其實也必須上報政府部門。

---

[75] 第 4 及第 5 條條文中留空的部分，由衛生部門按照店面實際情況而「手寫」加註。

港督衛奕信參觀春回堂品嚐涼茶。(照片提供：林偉正先生)

涼茶寶號

　　香港不少涼茶店已經營多年，隨着社會的急速發展，涼茶舖的營運模式亦有所改變。一般而言，涼茶舖的格局是店面設有櫃枱，放置三數個金屬製的大涼茶壺，櫃枱上放置水碗茶，客人可挑選所需之涼茶，站在櫃枱前（店外）飲用涼茶，或可以到堂座享用涼茶，店舖後方是工場。事實上，早期不少賣涼茶的人只是沿街推着木頭車當街售賣，有能力租舖（甚或買舖）者就開設涼茶店，以下介紹幾個著名的涼茶舖，當中有的逃不過結業命運，但亦可窺看香港涼茶舖的營商變化。

許留山 [76]

　　一九六〇年代初期，許慈玉先生在元朗街頭，以一輛手推車售賣各式涼茶及龜苓膏，這輛手推車就以其父「許留山」為名。直至一九七〇年代（一說一九六八年），許慈玉在同區炮仗坊開設第一間涼茶舖。直至一九八〇年代，許留山開始售賣其他飲

品，以及甜品小吃，例如椰汁、蘿蔔糕及糖不甩等，可謂開始轉型。然而，要說許留山這一名號真正深入民心的，是到一九九二年售賣「芒果西米撈」這款甜品開始。

一九九〇年代，不論電台或電視，都會聽到許留山的廣告，報章廣告自是不在話下。當時廣告的標語為「最緊要識撈！」以示其主打甜品芒果西米撈，自此，許留山亦由傳統涼茶店，搖身一變成為「港式鮮果甜品店」，跟傳統涼茶店相似的是，許留山的顧客多是茶餘飯後的時間到店內享用特色甜品，後來個別店舖更設置粉麵檔，售賣港式湯粉麵，雖然仍然有涼茶，但不得不承認已經退居二線。

二〇〇〇年起，許留山推出稱為「杯裝鮮果爽特飲」的手調飲品，翻查許留山的網頁，其定位為「香港手作甜品」，未見標榜售賣涼茶。到二〇二一年，由於無力償還債務或與債權人和解，同年五月，高等法院對許留山頒下清盤令，這家在香港經營一甲子的涼茶舖，經過多年的發展及盛極一時的名氣，難逃結業一途（註：許留山最後一間分店已於二〇二一年十一月底結業）。

[76] 資料主要由許留山官方網站搜得：http://www.hkhis.com

二〇二一年許留山全線結業前的情況。

單眼佬涼茶 [77]

曾經有過一句話：「在廟街，幾乎無人不識單眼佬。」在廟街開業超過半世紀，屬百年老字號的春和堂，是區內最著名的涼茶舖。之所以以「單眼佬」作招牌，因為其創辦人李鏞昌先生天生「大細眼」，遠看就似只有一隻眼，所以就稱其為「單眼佬」。李鏞昌先生開辦的店舖，除賣涼茶外，亦兼售中藥材及生草藥，最初的店名為「春和堂藥行單眼佬涼茶」，與兒子李永銓先生打理，有見當時涼茶舖成行成市，李永銓將「單眼佬涼茶」申請註冊以保障自家出品，可是後來有人以春和堂的名義出產涼茶，實是李氏百密一疏，為免混淆，李氏就索性只以「單眼佬涼茶」為店名。

這家涼茶舖之所以特別，因為它只獨沽兩味：單眼佬涼茶（廿四味）和五花茶，店內對單眼佬涼茶的描述為：主治四時感冒、傷風鼻塞、感暑伏熱、頭刺身熱。除涼茶外，還售賣一種單眼佬研製的「滴耳油」，主治耳邊潰爛、皮膚濕毒、游泳傷耳、耳被挖傷等，此外還有琥珀膏和便秘丸。店面的裝潢，數十年來維持格仔彩色地磚、吊扇及整齊的百子櫃。

單眼佬春和堂涼茶座落廟街旺區，服務區內不同種類的客人，全盛時期更有三間分店，分別在旺角及深水埗，後來因為租金問題分店無奈相繼結業，二〇一八年，單眼佬涼茶宣佈搬遷，雖表示正在籌備新店，但此事後來亦不了了之。老字號的涼茶舖，可謂又少一間。

恭和堂 [78]

恭和堂是另一家創業逾百年的涼茶舖，據說是香港歷史最悠久的龜苓膏專門店。龜苓膏有清熱排毒，能醫治皮膚病等功效，據聞這條配方，曾經是在宮廷中醫治性病的良方。後來，嚴永昌先生（清代嚴綺文太醫後人）就將這條配方帶到民間，嚴氏移居香港後，發現油麻地一帶是尋花問柳之地，於是於一九〇四年在廟街附近開設恭和堂主力售賣龜苓膏。

當時嚴氏更在店內另闢一角，專為上門的顧客診治，後來因為有西藥（盤尼西林）專門治療性病，服用龜苓膏的需求大減，嚴氏於是改良傳統配方，成為專門清熱排毒、針對皮膚病的龜苓膏。

恭和堂多年來堅持使用金錢龜板和祖傳的處方，今時今日金錢龜是受保護動物，限制了入口，難以大量使用金錢龜板作材料，恭和堂後人雖認為金錢龜板是發揮最大藥效的主要來源，早期亦只好減少金錢龜板的分量，後來才慢慢以其他龜板代替，但

[77]資料主要引自《飲食男女》，2006 年 6 月 30 日、2018 年 5 月 23 日。

[78]資料主要引自恭和堂官方網頁，以及《飲食男女》，2003 年 11 月 7 日、2018 年 12 月 11 日。

【第六章 本地涼茶的發展：由食品到商品到寶號】

他們的宗旨是「材料變，古方不變」。

屹立逾百年，恭和堂最大的變化除了金錢龜板的分量，另
外就是售賣凍龜苓膏及其他涼茶。龜苓膏經過冷藏後，藥效可能
只得熱食的六至七成，但為了迎合市場需要，恭和堂於一九九五
年起開始售賣凍龜苓膏，同期更慢慢推出甜茶如菊花茶和雪梨茶
等，加上原有的龜苓膏、感冒茶及廿四味，也可算作維持傳統的
同時增加產品。

何謂「寶號」實在沒有明確定義，諸如王老吉、中環春回
堂、鴨脷洲周家園涼茶，甚至是集團式經營的健康工房、海天
堂等，以致於已結業的「上環孖鯉魚、一樂軒、西營盤的譚如聖
（專售水翁花涼茶）、徐子真的卑巴桶涼茶、九龍的黃碧山、別
不同、涼茶第一家」等，都是街知巷聞或者是區內著名的涼茶舖
（或品牌）。隨手列舉幾個例子，亦可窺見本地涼茶業營運的方式
及發展路向。

除了涼茶舖之外，涼茶亦可見家庭式的小生意，例如大澳的
攤檔、蒲台島的士多、打鼓嶺雲泉仙館外的攤販，除了售賣特產
及零食外，亦會自行煲煮涼茶如雞骨草茶、紫貝天葵及夏枯草茶
等，以樽裝涼茶的方式售賣，可見涼茶絕非老字號的專利。至於
涼茶商，他們可以不斷研發新產品，在涼茶的基礎上不斷求新及
求變，例如健康工房、海天堂及許留山等，在回應社會需求的同

大埔三樂涼茶舖，舖面不設堂座，只擺放杯裝或樽裝的涼茶，所售百花山草茶（專治口氣、咽喉乾、清肝熱、祛濕及降尿酸）、五地牛苓茶（專治下肢無力、活血散瘀、祛濕毒、通便、多飲防癌）及石龍花茶（專治喉痛聲啞、感冒、支氣管炎、流鼻水及偏頭痛）都是少見的涼茶種類。

按：二〇二一年四月二十三日造訪三樂涼茶店，店東表示所有藥材均由廣州藥店供貨。

時，發現要維持業務就不能單靠涼茶，而使涼茶產品慢慢退居二線，又或者研發新的涼茶產品，例如「龜苓爽」（即以龜苓膏顆粒混和龜苓膏原液，製成便於攜帶的輕便飲料）、涼茶軟糖（例如海天堂的龜苓膏軟糖），甚至將涼茶製成不同產品（如中環公利真料竹蔗水的新項目：蔗汁硬糖、蔗汁啤酒及酸梅湯雪條[79]）。

當然，涼茶既是歷史悠久傳統之物，總會有製涼茶的人希望能保持傳統，認為煲煮而成的涼茶有最佳功效，不能隨便創新，是以有些老字號以「真材實料」、「祖傳秘方」等作招徠。然而，以香港的營商環境來說，小本經營並不容易，曾經到處都是涼茶舖的景像，現在亦已不復見，不少老字號的後代堅持經營，但亦有不少選擇另投其他行業。現今的老舖仍能維持營業，大都是早期的自置物業，如果要租舖營業的話，很可能敵不過高昂的舖租，到最後無奈結業，但時至今日，市面仍能見到傳統的涼茶舖，有些地區甚至有些特別的涼茶，亦有集團式的涼茶產品，可謂悉隨尊便，百貨應百客。

[79]〈涼茶糖果化！中環涼茶老店推賀年「手工蔗汁硬糖」 延長甜蜜保存期〉，《明周》，2021年2月9日。

［第六章 本地涼茶的發展：由食品到商品到寶號］

第七章

香港製涼茶人與行會

第七章

香港製涼茶人與行會

戰後至五十年代起，香港百業發展，各行各業紛紛自發組織工會或團體，充當與政府溝通的橋樑，或者團結業內人士，互通行內消息。前文提到香港較廣為人知的涼茶舖及老字號，本章旨在介紹歷來跟涼茶有關的人及組織。

港九生藥涼茶商聯總會

跟涼茶有關的組織，早於戰前已經成立，亦是多年來唯一一個以涼茶名義成立的組織。一九四一年，經營生草藥及涼茶生意的本地商人，成立「港九生藥涼茶商聯總會」，此會於一九四一年初成立，可是不久香港就遭逢日軍侵佔，總會會務停頓，直至戰後（一九四五）才逐漸恢復。

港九生藥涼茶商聯總會（下或簡稱「生藥涼茶商會」）復會的日期難以查證，但肯定是戰後復會速度頗快的工會組織，因為早於一九四七年，生藥涼茶商會已經舉辦賑災義賣活動，其時廣東省東江、西江及北江因暴雨關係，導致洪水氾濫，香港雖仍處戰後恢復的狀態，但各界仍紛紛響應救災。生藥涼茶商會於當年六月二十六日發起救濟義賣募捐活動，報名參加義賣的涼茶舖有五十九家，當日臨時加入的亦為數不少，最後估計有逾百家涼茶舖參與此事，並籌得約千元用以賑災。[80]

兩年後，兩廣地區再次受水災影響，香港各界發起籌款活動，這次由東華三院整合各界籌款情況，並報告予華民政務司，所以透明度很高，亦是早期對有關行業的一個有趣紀錄。[81] 此處列出當時參與捐款的組織、寶號或個人，可見當時香港的製涼茶人或生藥涼茶商會的會員：

〈生藥涼茶商會　捐二千二百餘元〉[82]

春和堂	三百元	利同	
回春堂	一百五十元	廣生堂	
徐子真	一百元	顏聖如	
陳雁賓		郭如樑	廿五元
啟安堂		趙幹南	廿元
李定祥		降上花	
真有益	五十元	透心涼	
黃碧山		鄧景記	
何 B 記		到平安	
冼平安堂	三十元	公利	
陸海記		百和堂	
樂記		威記	
孫水記		利群生	
泰來堂		招偉記	
瑞芝堂		大有益	
		勝利	

[80]《香港工商日報》，1947 年 6 月 26 日。

[81] 此次募捐賑災，經東華三院匯報的行業或組織包括：百樂門跳舞學院、西區小販分會及生藥涼茶商會。報章的報導更詳細列出各行業的捐款芳名。《華僑日報》，1949 年 7 月 31 日。

[82]《華僑日報》，1949 年 7 月 31 日。

中環永生堂　　一十五元　　　飲福堂
福安堂　　　　　　　　　　　愛生堂
恭和堂　　　　　　　　　　　萬春堂
德勝堂　　　　　　　　　　　萬生堂
萬靈堂　　　　　　　　　　　致和堂
大吉祥　　　　十元　　　　　大聲公
公興隆　　　　　　　　　　　黃老勝
黃炎生　　　　　　　　　　　廿春堂
蛇仔李　　　　　　　　　　　勝安堂
保安堂　　　　　　　　　　　中環陳仔
和春堂　　　　　　　　　　　王老吉
廣生堂　　　　　　　　　　　曾安堂
崇山氏　　　　　　　　　　　孖勝堂
耀生堂　　　　　　　　　　　保平安　　　五元
繼善堂　　　　　　　　　　　三不賣
有天知　　　　　　　　　　　關山
四時春　　　　　　　　　　　中環致和堂
盧溢記　　　　　　　　　　　梁滔記
葉寧春　　　　　　　　　　　王濟
小羅浮　　　　　　　　　　　李典三
禧記號　　　　　　　　　　　饒圖記
南寧　　　　　　　　　　　　梁志祺
合益　　　　　　　　　　　　黃開記
繼生堂　　　　　　　　　　　芝草林
認真棧　　　　　　　　　　　鄧大●

任夢秋	大仁堂
杏林堂	壽星公人之初
大安堂	人和堂壽草堂鉅源堂
誠和堂	瑞安堂煖記生菓店
黃震龍	二●堂
泰元堂	李榮記
惠隆	太元街陳仔涼茶
陳永安堂	德金堂
存生堂	張世明
中國茶店	何誠濟堂
●生堂	瑞生堂
周潤芝	萬安堂
奇草堂	又山堂
永隆	李本記
大安	榮福堂
仙草堂	張冠記　　　三元
張眾濟	百安堂
廣昌	永福堂
厚生堂	李健生　　　二元
●草堂	存安堂
趙昭行	和合堂
趙子雲	康記
仁生堂	保生堂
梁蝦女	萬生堂
梁煥祥	

註：表內●號為無法識別的文字。

同年，生藥涼茶商會到換屆之時，亦是首次在報章上公佈其選出的職員名單，其時已是該會第五屆職員輪替。

一九四九年生藥涼茶商會第五屆職員名單 [83]：

理事長	徐子真（蟬聯）
副理事長	陳雁賓（蟬聯）
理事	高福培、林少泉、李永銓、李典三、王豫康、 王濟、黃碧山、陳秋、文劍秋、招偉、冼冠卿等
監事長	李定祥
監事	陸海、孫水、冼大聲公、關熾安

此屆理監事會組成之後，總會於灣仔英京酒家舉辦就職典禮，以及慶祝生藥涼茶商會成立九週年。[84]

生藥涼茶商會的工作

如上所述，戰後各行業紛紛成立工會，這些工會一般有四項功能：

一、整合業界網絡。組織行內的活躍分子，互通消息，培育
　　新人，學術研討及交流。通常會透過辦教育、展覽會、
　　研討會或出版刊物等達成；

二、對政府或官方的逼害作回應，或者回應與行業相關的政

策。例如當政府認為煎煮中藥費時失事，下令取消中藥時，東華醫院編出《驗方集》的做法（詳見第二篇）；

三、社會慈善。維護自身權益的同時，亦需回饋社會。中醫團體的慈善行動通常是贈醫施藥；

四、聯誼。

一九四九至一九五〇年市政衞生局頒佈〈涼茶店衞理規則〉，作為涼茶店申領牌照的條件。當時業界認為新例不利於原本涼茶業的生態，新規則「實非資本短少涼茶店所能執行，尤其是一般設檔於橫門之小涼茶店，地方既狹少，而每日營業所得亦無多」[85]，因此，當時商會理事長徐子真 [86] 召集業界舉行會議，列舉理由呈請當局，並獲邀出席市政衞生醫務當局的聯席會議 [87]，要

---

[83]《華僑日報》，1949 年 8 月 17 日。

[84] 有關這次的理監事就職典禮，當年的報章報導頗為混亂。1949 年 8 月 17 日的《華僑日報》中指出，「港九生藥涼茶商聯總會第四屆職員任期已滿，於前（十五日）舉行改選業經選出第五屆職員」，即上文所列的理監事名單。至 8 月 31 日，《大公報》報導此第五屆職員就職時，此組織名為「港九涼茶商聯總會」，同時又有「生藥涼茶商總會」慶祝三週年紀念，聯歡茶會的地點與前《華僑日報》報導的英京酒家吻合，正副理事長亦分別為徐子真及陳雁賓。可是，同日的《華僑日報》又報導，「港九生藥涼茶商聯總會」在英京酒家「舉行九週年紀念暨第五屆職員就職」。到 9 月 2 日《華僑日報》再次報導「港九生藥涼茶商聯總會舉行成立第三週年紀念」，正副理事長亦分別是徐子真及陳雁賓。

如果以 1941 年成立來算，1949 年港九生藥涼茶商聯總會的確踏入九週年，而成立三週年的話，則是 1946 年。由於兩份報章最後均以「港九生藥涼茶商聯總會」名之，本文推斷兩份報章報導同一組織之就職典禮，並藉此推斷戰後此組織於 1946 年復會。

[85]《工商晚報》，1950 年 2 月 3 日。

[86] 徐子真（1907-1999），香港著名中醫師，開設「萬應堂藥行」、「卑巴桶涼茶」及「老香港」，亦與同業組織「港九中醫師公會」及「港九生藥涼茶商聯總會」，曾任「香港外科中醫學院」藥用植物學教授、「香港中華醫學會附設醫師研究所」藥用植物學教授，及「香港中醫藥學會」監事等要職。資料來源：《香港年鑑》，1963 年。

[87]《華僑日報》，1950 年 2 月 23 日。

徐子真，圖片取自其著作《生草藥實用撮要》。

求暫緩執行申領牌照條件兩年。

結果，同年七月，市政衞生局允准修改「凡營業涼茶檔者，須設水閘及安裝去水道管」一例，規例經修改後，徐子真即致函生藥涼茶商會各會員，盡快填妥申領牌照表格，經商會呈交市政衞生局，並繳交五元牌照費用。確實的修改目前暫不可考，而涼茶店的改裝工程，多是改善去水設備、擺放用具處及消毒設備為主，並強調所用用具只能風乾，不得用抹布抹拭。當時很多涼茶店經過改裝，及得到生藥涼茶商會的協助下，短短數月間就成功領取牌照。

當然，此等事情斷不會無風無浪，當局嚴格執行規例後，人員巡查時亦會發現營業條件未能達標的店家，一經發現就命令該店立即停業。這些涼茶店家於是向生藥涼茶商會求助，並列舉數個理由，如涼茶是香港市民普遍會飲用的防治疾病的飲品，而且涼茶店多是小本經營，涼茶店家若頓然失業則生活無以為繼等，經西區街坊福利會馬錦燦理事長向社會局 [88] 呈請，要求准予發牌 [89]。

籌款賑災、社會慈善

生藥涼茶商會早於一九四九年已有舉辦募捐籌款活動，目的是賑濟兩廣地區的水災災民。此等活動於一九五○年代頗為常見，報章報導的香港各界賑災籌款，港九生藥涼茶商聯總會多名列其中，而這種活動，當然不單是對內地天災而舉辦。

一九五四年七月石硤尾九龍仔（九龍塘村木屋區，今大坑東邨位置）大火，導致多人死傷，數以萬計居民失去家園。生藥涼茶商會發起募捐，參與會員眾多，共籌得港幣四百四十元[90]。除了籌款，針對不同情況，生藥涼茶商會發起的募捐活動亦多獲會員響應，籌款方法多以義賣形式進行，或者募集物資如衣物等。由此可見社會慈善亦是商會的重要工作之一，而且業界亦甚是團結，一呼百應。

一九六二年九月一日，颱風「溫黛」吹襲香港，造成數百人傷亡，以及上萬計市民無家可歸[91]，生藥涼茶商會發動籌款，共籌得港幣一千二百四十七元，轉交社會救濟基金委員會發賑[92]。

[88] 即社會福利署前身。

[89]《華僑日報》，1950 年 11 月 5 日。

[90]《華僑日報》，1954 年 8 月 11 日。

[91] 颱風「溫黛」於 1962 年 9 月 1 日正面吹襲香港，由於其將吐露港的海水推至陸地，在吐露港一帶引起風暴潮，對沙田至大埔一帶造成嚴重破壞，據事後統計，單在沙田及大埔區風暴潮淹沒身亡的市民有 127 人，連其他地區總共造成 183 人死亡，近 400 人受傷，有 108 人失蹤，海面有 700 多艘小艇嚴重受損，超過 7 萬人無家可歸。是香港戰後最嚴重的風災，並創下多個氣象紀錄如最高風速、最低海平面氣壓等，此處不贅。

[92]《華僑日報》，1962 年 9 月 22 日。

港九生藥涼茶商會為深水埗災民義賣籌款。（照片提供：林偉正先生）

宣傳及聯誼

　　涼茶早已是香港市民生活的一部分，很多人都懂得借助涼茶預防疾病。生藥涼茶商會為更能起到宣傳之效，一九五四年開始籌備出版會務特刊，宣揚生草藥天然功用及涼茶治病功效，並在會內成立特別專責小組負責出版事宜。據說生藥涼茶商會成立後，全盛時期有會員逾四百人，可說規模不少，而入會後會員會獲發一枚襟章作會員證之用。

　　至於聯誼活動，除了每年的理監事就職典禮和會慶聚餐之外，商會會舉辦會員旅行，如一九五四年七月，就由徐子真理事長帶隊，借商會會員旅行新界 [93]。有關報導又可見於一九五八

年，當時徐子真及冼冠興理事長等率團到粉嶺，參觀蓬瀛仙館、
拜訪老中醫師及採集生藥標本等[94]。

港九生藥涼茶商聯總會襟章。（照片提供：林偉正先生）

港九生藥涼茶商聯總會週年就職暨神農誕聚餐。（照片提供：林偉正先生）

[93]《華僑日報》，1954 年 7 月 11 日。
[94]《華僑日報》，1958 年 3 月 10 日。

各屆理監事

港九生藥涼茶商聯總會相信是唯一一個跟涼茶業有關的工會，一九五〇年代可說是此商會最活躍的年代，除了上述令社會人士認識之舉外，各屆理監事換屆及就職，本地報章也持續報導了多年。

一九五〇年生藥涼茶商會第六屆職員：
正副理事長分別由徐子真及陳雁賓蟬聯

一九五一年生藥涼茶商會第七屆職員名單 [95]：

理事長	嚴拾
副理事長	黃碧山、陳宅仁
常務理事	冼冠興、林金湯、孫水、夏彬祥
理事	高福培、陸海、王豫康、李銘生、王濟、陳秋、老聯盛、招偉、林少泉、張傑夫、陳溢、鍾紹南、袁耀、關熾安、趙昭行、倫清、劉少雲、陳芬、毛瑞平、盧章
監事長	徐子真
副監事長	陳雁賓、李定祥
監事	黃老勝、李榮、黃穎泉、趙幹南

此外，還有候補理事及候補監事，及設立審查、監察、總務、財務、交際、文書、福利、宣傳、調查及核數等職位。可見生藥涼茶商會在一九五一年的會務開始建立系統，而且分工仔細，成員已然為數不少。

一九五二年生藥涼茶商會第八屆職員名單 [96]：

名譽顧問　　李定祥、黃碧山、林少泉

理事長　　　徐子真

副理事長　　冼冠興、陳雁賓

常務理事　　孫水、李銘生、夏彬祥、梁百和

理事　　　　陸海、王濟、陳秋、倫清，高福玲、陳溢、老聯
　　　　　　盛、袁耀、關熾安、招偉、王豫康、張家濟、鍾
　　　　　　紹南、李永銓

監事長　　　嚴拾

副監事長　　陳宅仁、林金湯

監事　　　　高福培、黃老勝、陳芬、黃穎泉

一九五三年生藥涼茶商會第九屆職員名單 [97]：

名譽顧問　　李定祥、林少泉、嚴拾

理事長　　　徐子真

副理事長　　冼冠興、陳雁賓

常務理事　　梁百和、陳宅仁、孫水、老聯盛

理事　　　　李銘生、趙昭行、謝連芳、高福玲、陳溢、張家
　　　　　　濟、王濟、陳秋、王豫康、袁耀、倫清、鍾紹
　　　　　　南、招偉、陳三妹

監事長　　　黃碧山

副監事長　　關熾安、陸威

監事　　　　高福培、羅禮、陳芬、黃穎泉

[95]《華僑日報》，1951 年 9 月 2 日及 6 日。

[96]《華僑日報》，1952 年 9 月 16 日。

[97]《華僑日報》，1953 年 9 月 21 日。

一九五四年生藥涼茶商會第十屆職員名單[98]：

名譽顧問　李定祥、黃碧山、林少泉

理事長　　徐子真

副理事長　冼冠興、倫清

常務理事　孫水、李銘生、陳溢、梁百和

理事　　　海記、老聯盛、王濟、袁耀、高福玲、嚴拾、謝
　　　　　連芳、鍾紹南、李永銓、招偉、黃老勝、陳宅
　　　　　仁、王豫康、劉適宜

監事長　　陳雁賓

副監事長　關熾安、陳秋

監事　　　羅禮、黃穎泉、陳芬、高福培

　　一九五五年未見有報章及相關資料披露生藥涼茶商會職員名單，但當年六月商會遷址至皇后大道西九十六號，新址開幕當天請得社會福利顧問李樹繁先生[99]主持開幕剪綵，並慶祝神農誕[100]。

　　一九五六年是商會職員任期由一年改為兩年的時候，此屆理監事長分別由徐子真及孫水二人擔任。[101]

一九五八年生藥涼茶商會第十三屆職員名單[102]：

名譽顧問　陳雁賓、關熾安、孫水

理事長　　徐子真

副理事長　李銘生、李培

監事長　　冼冠興

副監事長　黃穎泉、陳三妹

一九六〇年生藥涼茶商會第十四屆職員名單[103]：

名譽顧問　陳雁賓、孫水、陳三妹

理事長　　徐子真

副理事長　李培、鄧山

監事長　　冼冠興

副監事長　李銘生、黃穎泉

　　有趣的是，是次改選的報導中，《華僑日報》詳細記錄了各理監事所屬的寶號，對於了解誰代表生藥業界或涼茶商，均有一定幫助，亦是有報導關於生藥涼茶這十多年來一次清晰的記錄，茲抄錄如下[104]：

鄧培（祥興利）

李培（利昌）

張你（你記）

趙昭行（趙昭行）

陳雁賓（賓記）

林泉（回春堂支店）

黃炎生（黃炎生）

黃穎泉（存勝堂）

[98]　《華僑日報》，1954 年 9 月 17 日。

[99]　當時李樹繁有另一銜頭為西區街坊福利會理事長。

[100]　《華僑日報》，1955 年 6 月 15 日。

[101]　由於 1955 年未有列出商會理監事名單，直至 1956 年才有改選的新聞，而且 1955 年 6 月為商會遷址之時，因此有理由相信 1955 年並沒有舉行改選，商會亦借此機會修改會例，將理監事的任期由一年改為兩年。

[102]　《華僑日報》，1958 年 10 月 17 日。由於是屆起報導或會詳細列出所有理事之職務，每種職務又分正副之位，但又並非每屆均有列出，故此處不贅。

[103]　《大公報》，1960 年 8 月 18 日。

[104]　《華僑日報》，1960 年 8 月 8 日。

第七章　香港製涼茶人與行會

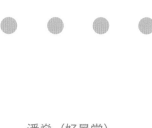

潘燊（好景堂）

倫清（中國）

孫水（永安堂）

王濟（王濟記）

李銘生（孖鯉魚）

嚴伏（均記）

陳三妹（海記）

冼冠興（平安堂）

老聯盛（福安堂）

高福玲（啟安堂支店）

林晃南（公利）

梁百和（百和堂）

謝蓮芳（透心涼）

林天明（筱竹林）

林汝成（回春堂分店）

徐子真（萬應堂）

李昌（又山堂）

張家濟（張家濟）

譚均（二友）

譚杰生（一定棧）

鄧山（振興）

李永鈺（春和堂）

鍾紹南（萬春堂）

嚴拾（恭利堂）

關熾安（泰和堂）

陳子平（陳平）

［香港非物質文化遺產系列：涼茶］

一九六二年生藥涼茶商會第十五屆職員名單 [105]：

名譽顧問　　徐子真、陳雁賓、林少泉

理事長　　　李培

副理事長　　李銘生、鍾紹南

常務理事　　謝連芳、鄧福、張家濟、老聯盛

理事　　　　關德華、倫清、陸文連、趙欽泉、趙昭行、梁百
　　　　　　和、鄧國富、黃炎生、謝章、廓悌、嚴拾、關熾
　　　　　　安、李永銓、陳三妹

監事長　　　冼冠興

副監事長　　詹植生、林晃南

監事　　　　潘燊、黃穎泉、張河、李昌

一九六四年生藥涼茶商會第十六屆職員名單 [106]：

顧問　　　　徐子真、陳雁賓、林少泉

理事長　　　李培

副理事長　　李銘生、鍾紹南

總務（副）　陸文連、趙昭行

財務（副）　林晃南、謝連芳

交際（副）　詹植生、張家濟

福利（副）　鄧國富、關熾安

文書（副）　趙欽泉、崔富

調查（副）　王濟、饒濤

理事　　　　梁百和、李永銓、嚴拾、林天明

監事長　　　冼冠興

副監事長　　潘燊、鄧福

[105]《大公報》，1962 年 8 月 14 日。

[106]《華僑日報》，1964 年 11 月 21 日。

第七章　香港製涼茶人與行會

審核（副） 黃穎泉、李昌

監察（副） 老聯盛、簡注明

一九六六年第十七屆職員名單（未有報章記錄）。

一九六八年生藥涼茶商會第十八屆職員名單[107]：

顧問　　　徐子真、陳雁賓、林少泉

理事長　　鄧福

副理事長　鍾紹南、崔富

總務（副） 潘燊、老聯盛

財務（副） 陸文連、林晃南

交際（副） 李銘生、趙昭行

福利（副） 趙欽泉、李昌

文書（副） 鄧國富、嚴永昌

宣傳（副） 饒濤、黃穎泉

調查（副） 王濟、陳三妹

理事　　　周泰華、廖友維、林天明、嚴伙

監事長　　李培

副監事長　詹植生、冼冠興

審核（副） 黃炎生、鄧景桐

監察（副） 冼惠庭、簡注明

一九七一年生藥涼茶商會第十九屆職員名單[108]：

顧問　　　徐子真、陳雁賓、林少泉、崔富

理事長　　周泰華

副理事長　冼冠興、鄧福

總務（副）　潘燊、林晃南

財務（副）　陸文連、唐森

交際（副）　黃高、王濟

福利（副）　利洪、劉釗

文書（副）　趙昭行、鄧景桐

宣傳（副）　李康明、黃穎泉

調查（副）　饒濤、戚泗

理事　　　　冼惠庭、李永銓、李銘生、黃炎生

監事長　　　李培

副監事長　　鄧齊、詹植生

審核（副）　陳三妹、簡注明

監察（副）　鄧國富、鄧齊

　　第十九屆職員理應於一九七〇年選出，但直至一九七一年才有相關報導，惜今未知原因，而自此之後，報章也無報導生藥涼茶商會的職員名單，此商會的活躍度也大不如前。其實這商會直至九十年代仍然存在，但只剩下每年一度的聚會，出席者也只有二十多人。以往商會會員聚首，除了聯絡感情外，重要的是交流業內消息，如藥材價格、內地天災情況（影響藥材收成）等，以便計算涼茶舖的營運成本。現在行內互通消息當然不要依靠聚會，而且涼茶舖的營運規模差距很大，小本經營的可能只服務社區內的居民，另外如集團式經營、出售樽裝涼茶的，又難以與普通涼茶舖相提並論，政府的發牌制度又已行之有效，並不需要

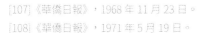

[107]《華僑日報》，1968 年 11 月 23 日。

[108]《華僑日報》，1971 年 5 月 19 日。

【第七章　香港製涼茶人與行會】

作出根本性的改動，更不見得會提出新政策甚或取締涼茶舖的經營，因此，工會的存在已沒有特定的意義。

即使港九生藥涼茶商聯總會會務最盛的時期（一九五〇至七〇年代），也總有涼茶舖店家沒有加入商會的，踏入七十年代，亦可算是涼茶業開始萎縮的時代。有說因為西藥的引入，社會上一直標榜西醫，市民亦因為教育水平上升而相信較為「科學」的西醫西藥，對涼茶的需求大為減少，當然，還有更致命的原因導致涼茶業難以經營，茲錄一段新聞以作說明：

「根據不完全的統計，分佈港九新界大大小小的涼茶舖超過三百家。近兩、三年以來，這一行的業務普遍呈萎縮，初入行新開張的涼茶舖，可以說是絕無僅有；相反僅今年上半年短短的時間內，便有七、八家涼茶舖宣告結束營業。其中有三、四家是因為業主將舊樓拆建而被迫停業的，……都是有十年以上歷史的老字號。

超過三百家的涼茶舖，原來大都是租用戰前的舊樓，多是前舖後居，而且多是接近勞苦大眾聚居的地方。最近幾年以來，所有這些舊樓拆的拆，改建的改建，就在當局的『重建計劃』影響之下，百分之八十的涼茶舖被迫遷往新樓繼續營業。在『高租值』政策下，新樓高昂的租金成為涼茶商的一項最沉重的負擔。」[109]

從一九四〇年「約有千家之數」，到一九五〇年約有六百多家，再到一九七〇年只「超過三百家」，雖然這些數字一直是非正式統計，但也略具參考價值，至少涼茶業的萎縮，是有明顯的

社會因素。一九九〇年代以後，港九生藥涼茶商聯總會已然解散，解散前，最後餘下的會員更合資一筆錢，作為該商會書記額外的退休金，[110] 商會正式成為歷史。

附錄：香港涼茶舖列表

本列表中「新派」的意思，指該商家有自行研發其他配方的涼茶，並多有樽裝涼茶或其他涼茶產品出售，並不限於以往「水碗茶」或入樽外賣的形式，這些商家出產的涼茶，可算作「草本飲料」。例如 CheckCheckCin 米水茶飲，提供針對濕重、熱氣或疏肝的茶包，並開發手機應用程式，為用家提供飲食建議，以及開設網上商店等。

從下表可見，香港仍然有很多家庭式的小型涼茶舖，它們散佈各區，這行業並沒有「同行聚集」的現象。雖然連鎖式經營的大集團開設很多店舖，但不見得因此壟斷了涼茶的市場。現在小型（傳統）涼茶舖與集團式（連鎖）並存，從店舖的數量上看，大型連鎖或集團式的如鴻福堂、健康工房及海天堂等固然佔大多數，傳統或家庭式的涼茶舖可謂買少見少，可是，如 CheckCheckCin 米水茶飲、良茶隅等新式涼茶店，又開啟了涼茶舖的一種新面貌。

[第七章 香港製涼茶人與行會]

[109]《大公報》，1970 年 6 月 29 日。
[110] 春回堂林偉正口述訪問，訪問日期：2021 年 2 月 24 日。

香港涼茶舖調查簡表 (二〇二二年四月整理)

店名	地址	網頁簡介	涼茶	龜苓膏	糖水	糕點	新派	小食/湯品/飲品	供貨	類型	備註
公利真料竹蔗水	中環荷李活道六十號地下	一九四八年開業，自設蔗場並出品蔗汁等產品，兼賣涼茶。	✓	✓		✓		✓	現舖煲煮	家庭式	
三樂涼茶	大埔安富路五號地舖		✓						現舖煲煮	家庭式	
Check-Chec-kCin 米水茶飲	四間店	米水茶飲和茶療以「利」養生。	✓				✓		中央工場	連鎖	
良茶隅	五間店	創自一九四六年，原於沙田開始自製涼茶產品服務。二〇一一三年開設良茶隅專門店。	✓				✓	✓	中央工場	連鎖	花茶，即食湯包
三不賣野葛菜水	兩間店	一九四八年開業，堅持「不夠火喉不賣，不夠材料不賣，地方不乾淨不賣」製作葛菜水。	✓						現舖煲煮	家庭式	
野葛菜水	元朗大棠道隆銀行大廈地下		✓						現舖煲煮	家庭式	
鴻發涼茶	深水埗北河街一二八號地下		✓		✓	✓			現舖煲煮	家庭式	
百賣堂	三間店	提供多款涼茶及健康飲品，推介有火麻仁及銀菊露等。	✓	✓					現舖煲煮	家庭式	

店名	地址	簡介							製作方式	經營方式	備註
中和堂	荃灣川龍街三十號 B 地下		✓	✓					現舖煲煮	家庭式	龜苓膏專門店
永春堂涼茶	兩間店		✓	✓					現舖煲煮	家庭式	百保百草茶
春回堂藥行	中環閣麟街八號地下	店內有懂英語中醫駐診，樓上更有藥材圖書館。推介龜苓膏及涼茶。	✓	✓	✓				現舖煲煮	家庭式	始於一九一六年
恭和堂	五間店	創業逾百年的香港龜苓膏始創店，是香港歷史最悠久的龜苓膏專賣門店。	✓	✓	✓				現舖煲煮	家庭式	龜苓膏專門店
大和堂	柴灣怡豐街一號地下		✓	✓	✓				現舖煲煮	家庭式	
葉香留	兩間店	專賣涼茶和野葛菜水。	✓		✓				現舖煲煮	家庭式	
鶴唱阿蘇涼茶	石澳鶴唱村		✓	✓	✓		✓		現舖煲煮	家庭式	
周家園涼茶舖	鴨脷洲大街五十二號地下		✓	✓	✓			✓	現舖煲煮	家庭式	
王一堂龜苓膏專門店	深水埗大埔道一百號地舖		✓	✓					現舖煲煮	家庭式	除龜苓膏外，兼售涼茶和中式甜品
養和堂	二一三間店	創辦於一九八八年，最初在元朗住宅自行熬製；再分派各分店銷售。推出以套票形式推廣涼茶及龜苓膏產品。	✓			✓			中央工場		龜苓膏專門店，現兼售養生湯包
健康工房	二十三間店	健康工房的前身是一九八九年創立的同治堂，主賣傳統涼茶。二〇〇〇年易名健康工房，產品由涼茶擴大至各類健康養生飲品。並會按季節特性推出合時產品。	✓		✓				中央工場	連鎖／集團	

店名	地址	網頁簡介	涼茶	龜苓膏	糖水	糕點	新派	小食/湯品/飲品	供貨	類型	備註
陳仔葛菜水龜苓膏專家	九龍城衙前圍道十七號B地下			✓					現師傅煲煮	家庭式	葛菜水及龜苓膏專門店
樂生園	五間店		✓	✓					中央工場	連鎖	龜苓膏專門店，有兼賣涼茶
善福堂	九間店		✓	✓	✓			✓	中央工場	連鎖	
海天堂	四十六間店	一九九〇年代初開業，主打龜苓膏保健，兼售多款涼茶。海天堂透過廣泛的廣告宣傳，帶動產品銷量，業務得以迅速擴張，並成功向市民推廣涼茶保健的訊息。同時研發多種廣東新式涼茶產品，如龜苓膏等。	✓	✓				✓	中央工場	連鎖／集團	龜苓膏專門店
回甘堂涼茶	大角咀櫸樹街四十八號地鋪		✓	✓	✓				現師傅煲煮	家庭式	五花茶、涼茶
惠豐涼茶素食	三間店		✓	✓				✓	現師傅煲煮	家庭式	素食
龜苓元坊	三間店	二〇一〇年創立，以招傳百年涼茶配方和經驗調製健康飲品，除涼茶外，亦有「草本三角茶包」和「美人茶系列」。	✓	✓			✓		中央工場	連鎖	健康飲品：檸檬薏米、羅漢草、黑豆天葵、黑糖薑茶。手工餃子韭菜餃米線。豬軟骨上海拉麵。蔥油拌麵
東菀佬涼茶	深水埗北河街四十一號地下	有六十多年歷史，只賣廿四味、銀菊茶、五花茶、感冒茶四款涼茶。	✓						現師傅煲煮	家庭式	有逾七十年歷史的老字號，只賣四款涼茶：廿四味、銀菊茶、五花茶、感冒茶

品牌	分店／地址	説明							製作方式	類型	其他備註
仁和堂龜靈膏專門店	三十五間店	九十年代初於觀塘開業。堅持以古方古法，每天新鮮熬製龜苓膏及涼茶，至今開設近三十間分店。2018年要在台灣開店。涼茶以外，亦有滋補湯包、薑醋及季節食品。			✓			✓	中央工場	連鎖	
興和堂	土瓜灣土瓜灣道一號		✓	✓	✓		✓	✓	現舖煲煮	家庭式	
寶和堂養生專門店	荃灣石圍角商場二樓三二一號舖			✓	✓			✓	現舖煲煮	家庭式	亦有賣茶葉
健生	香港仔湖南街六B舖				✓			✓	現舖煲煮	家庭式	除了一般常見涼茶，還有售八寶茶
王老吉涼茶	五間店		✓	✓	✓		✓	✓	中央工場	連鎖	
一品涼茶	兩間店			✓	✓			✓	現舖煲煮	家庭式	也有花茶
四季茶坊	元朗安寧路七十九號C舖	標榜純本土製作的手工涼茶。		✓	✓	✓		✓	現舖煲煮	家庭式	只售樽裝
愛群野葛菜	西洋菜南街二五〇號地下			✓	✓		✓	✓	現舖煲煮	家庭式	只售野葛菜及雪梨露
康和堂	兩間店		✓		✓		✓	✓	現舖煲煮	家庭式	蛤蚧大補膏
德善堂	十五間店	一九九三年開業。	✓		✓		✓	✓	中央工場	連鎖	
八草堂	三間店				✓		✓	✓	中央工場	連鎖	
芝寶堂	三間店		✓		✓		✓	✓	現舖煲煮	家庭式	

店名	地址	網頁簡介	涼茶	龜苓膏	糖水	糕點	新派	小食/湯品/飲品	供貨	類型	備註
潘芳堂	四間店	潘芳堂乃家庭形式經營，於一九九七年正式在上海街及登打士街的街角開業，至今已逾二十年，本店宗旨在為客人提供傳統、高品質的涼茶。	✓	✓	✓			✓	現舖煲煮	家庭式	
海福堂龜苓膏	慈雲山毓華里二十號地舖		✓	✓				✓	現舖煲煮	家庭式	龜苓膏專門店
恭源堂	灣仔莊士頓道一八八號A舖		✓	✓				✓	現舖煲煮	家庭式	
寶樹堂涼茶	長沙灣元州街四七三號五號舖		✓	✓					現舖煲煮	家庭式	
偉慶中藥涼茶	西貢德隆前街九號舖		✓	✓					現舖煲煮	家庭式	除售賣一般涼茶和龜苓膏外，還提供較少見的藥膏、還魂、瓊玉膏等藥品，並附有中醫師看診及跌打治療服務
源盛涼茶	西環石塘咀德輔道西三七〇號A舖		✓						現舖煲煮	家庭式	
潤生行	元朗阜財街四十五號地舖		✓	✓					現舖煲煮	家庭式	全港首創藥製八味雜菜草茵陳茶，附有中醫診療
新天中藥茶館	北角屈臣道二號海景大廈A座地下舖		✓			✓			現舖煲煮	家庭式	附有中醫診療
永生堂涼茶	三間店		✓	✓					現舖煲煮		

名稱	地址	備註							製法	類型	備註
天然堂	黃大仙鳳德道五十一號安柱大廈			✓	✓				現舖煲煮		
雷生春堂	太子荔枝角道一一九號地下	由香港浸會大學承辦的歷史建築活化項目。該中醫藥保健中心於 2012 年復修及開業，除中醫藥教學，亦有銷售涼茶。			✓				現舖煲煮		
林記涼茶店	南丫島榕樹灣後街				✓				現舖煲煮	家庭式	
慶和堂	大間店			✓	✓				中央工場	連鎖	
大自然涼茶	筲箕灣工廠街田十八號C地下				✓		✓		現舖煲煮	家庭式	
源威涼茶	石塘咀德輔道西三七〇號地下A舖				✓				現舖煲煮	家庭式	
草津堂	三間店			✓	✓				現舖煲煮		
樂生堂	灣仔駱克道一五〇號A舖			✓	✓				現舖煲煮		
大澳仁興和記羅漢漢果茶	大澳吉慶街五十八號				✓		✓		現舖煲煮		只有羅漢果茶
陸記士多	元朗安興街七十四號地下				✓						土多兼售自家製菊花茶、椰奶，均以可口可樂玻璃瓶盛載出售
德業堂	佐敦上海街二三二號地下			✓	✓		✓		現舖煲煮		

店名	地址	網頁簡介	涼茶	龜苓膏	糖水	糕點	新派	小食／湯品／飲品	供貨	類型	備註
全珍堂生草藥涼茶舖	九龍城衙前圍道二十九號地下 B2 舖	獨門配方二十八味、感冒茶、茵陳茶、生魚薏米湯、崩大碗、花瘟夢雞骨草、癀果雪梨茶等。	✓	✓				✓	現舖煲煮		另有售綠豆沙鹹肉糭、鹽水糭
美利涼茶專門店	鰂魚涌英皇道一〇二八號海山樓地下		✓	✓				✓	現舖煲煮		
可口店	西環堅尼地城山市街十八號地舖		✓						現舖煲煮		
華洲涼茶	粉嶺聯和墟聯安街五十三號地下 B 舖		✓	✓				✓	現舖煲煮		兼售小量藥材
益壽堂	北角英皇道四十一號地舖		✓	✓				✓	家庭式		
春生堂	觀塘康寧道二十號		✓	✓					現舖煲煮		
龍嬌私房涼茶	油塘中心嘉當商場一〇一號舖		✓						現舖煲煮		有售菊烏茶、明目茶、靈芝茶等
樂和堂涼茶	荃灣兆和街三十八至四十號瑞生樓 D1 舖		✓						現舖煲煮		
沁心園	旺角新填地街三百九十八至四百號地下 A 舖		✓					✓	現舖煲煮		果汁、沙冰
華佗館	筲箕灣南安街八號 A		✓	✓					現舖煲煮		
鴻福堂	一百二十閒店	創立於一九八六年，最初銷售傳統涼茶。及後改良產品及經營策略，業務迅速擴張至內地和香港多處，並發展成企業集團。二〇一四年更成為首間以傳統保健飲品為業務的香港上市公司。	✓		✓		✓	✓	中央工場	連鎖／集團	兼售菜飯、小菜、點心、粥品、豬腳薑等

三寶堂涼茶	元朗屏會街金城樓地下			✓		現舖煲煮		家庭式		主力售賣小食，兼售自家製涼茶（啫喱茶及夏枯茶）
安定堂	三間店			✓		中央工場		連鎖／集團		
吉昌堂	深水埗大埔道七十八號地下			✓						
鈺華堂小食	旺角亞皆老街六十五號 旺角新之城三樓三百零一號舖				✓	現舖煲煮		家庭式		
原味家作	二十六間店	以生產、推廣及銷售健康湯品為主題的食品生產及連鎖餐飲企業。公司於二〇〇六年在香港成立及自設食品認證食品生產廠房，並於同年十二月於港鐵設站開設第一間滋補湯品專門店。	✓	✓		中央工場		連鎖／集團		有售一系列涼茶，包括甘筍竹蔗馬蹄水、金盞五花茶、鮮檸米露、蜜餞雞骨草、羅漢果夏枯草等
永定堂	四間店			✓	✓	中央工場		連鎖／集團		
健康涼亭	葵涌廣場一樓 B30 號舖			✓	✓			家庭式		

本簡表內容經筆者盡力搜集求證而來，或仍有疏漏之處，僅供參考。讀者請以店舖內及涼茶店店官方網頁介紹為準。

第八章

香港涼茶的週邊文化

第八章
香港涼茶的週邊文化

「涼茶具有解渴清熱和祛除微恙的功效。數十年前，本港可供大眾消閒遣興的場所不多，民眾多喜歡於閒暇時偕友人到涼茶舖喝涼茶、閱報或收聽舖內收音機播放的廣播劇和音樂。舖面較大的涼茶舖更往往安裝點唱機，讓人客點唱；只要投入足額硬幣，唱機便會播出所選音樂，涼茶舖成為普羅大眾的消遣之所。昔日的涼茶舖主要開設在西營盤皇后大道西、中環荷李活道、灣仔皇后大道東和旺角的上海街與山東街等地。」

"Besides quenching one's thirst, herbal tea releases body heat and has curative effects for minor illness. Decades ago, when the common people had few places to go for recreation, they liked to enjoy their leisure time at herbal tea shops with their friends, sipping herbal tea, reading newspapers or listening to dramas or music broadcasts on the radio. Some of the big herbal tea shops even installed jukeboxes, and customers could choose their own songs by inserting a coin. As few people could afford to buy a gramophone, this made the herbal tea shop more of an attraction to them. In the old days, herbal tea shops existed along Queen's Road West in Sai Ying Pun, Hollywood Road in Central, Queen's Road East in Wan Chai, and along Shanghai Street and Shantung Street in Mong Kok."

　　這是香港歷史博物館對於涼茶舖的描述,可見涼茶舖確實是香港民生一道重要風景。在介紹涼茶舖這個場所時,其重點卻不限於涼茶這種「具有解渴清熱和祛除微恙的功效」,而是強調涼茶舖是市民消閒遣興,以及接收資訊的場所。至於提到的涼茶舖聚集地點,則可見多是華人聚居的地方,文中的「昔日」沒明確指涉時段,若然以中環荷李活道為例,則可見早期在多單身男子聚居的地方,也對涼茶舖有頗大的需求 [111]。

　　涼茶作為華南廣大民眾的尋常保健飲品,除了家庭煲煮,在香港更廣泛地以店舖銷售方式提供給廣大市民,這些店鋪除了承傳涼茶製作,同時帶動起週邊文化的發展,成為香港社會一道獨特的風景。

涼茶的別名

　　首先,涼茶之所以稱為涼茶,全因其清熱的功效。但根據行業習慣,則使用「兩點水」的「凉」字,原因是「三點水」的「涼」字是形容詞,而「兩點」的「凉」字是指涼性草藥煲煮成的茶湯的專用名詞。現在不少舖戶仍然使用「凉」字。坊間亦有以味道來指涉不同涼茶的,例如涼茶種類較為少的涼茶舖,就會只以「甜茶」指涉五花茶,「苦茶」指涉廿四味或水翁花茶,但當涼茶種類增加,就不能再簡單地以兩種味道區分,因為除五花茶外,

[第八章　香港涼茶的週邊文化]

[111] 十九世紀中葉,內地局勢動盪,大量男子由內地移居香港謀生,這情況在上環荷李活道尤其明顯,他們到港後,主要投靠親屬或同鄉,成為一個以單身男子為主的社群。

如銀菊露、夏枯草茶、雞骨草茶及夏桑菊等均是甜茶，而感冒茶亦多是苦茶，所以，在一般涼茶舖開始售賣多款涼茶後，市面就較少只以「甜茶」或「苦茶」來稱呼涼茶。

過去，本地較多單身男子聚居的地方與涼茶舖數量成正比，這批多以體力勞動謀生的男子當遇有身體不適時，因獨自生活難以就醫及煎藥[112]，於是習慣到涼茶店喝涼茶，然後睡覺焗出一身汗，希望舒緩和消除疾病，基於這個獨特背景，所以香港的涼茶亦有被稱為「寡佬茶」。

據說龜苓膏能治性病，因此持有龜苓膏配方的嚴氏特意選擇在油麻地開設恭和堂，專售清除熱毒濕毒的涼茶，可知涼茶被稱為「寡佬茶」實在有一定的特殊因素。誠如香港歷史博物館的紀錄所指，早期的涼茶舖多在中上環、灣仔及旺角的幾條街道開設，不約而同，附近都是尋花問柳的地帶，客觀情況造就對涼茶的需求。

與消閒有關的活動

涼茶甚麼時候開始給稱做「寡佬茶」現已無從稽考，從商品的角度看，涼茶早期的銷售對象可能大部分是單身男子，但不論服務對象為何，涼茶舖曾經是香港社會的一個特色，卻並不因為涼茶。

有涼茶舖的店名一直使用「兩點水」的「涼」字。

　　涼茶舖在香港普及之後，很快就成為一個文化流通的場所。從報章可見，涼茶舖早於一九五一年就有放置書報供顧客閱讀，「油蔴地廟街有一涼茶店，定有雜誌及大小報紙數十份，供給飲涼茶的人閱讀。這種招徠術，果然要得，真是生意興隆，門庭如市。」[113] 從這段報導可見，一九五〇年代開始，涼茶舖就開始為顧客提供涼茶以外的東西，這是否一種吸引客人的「招徠術」，或只是一場巧合，今已不得而知，但自此之後，涼茶舖就有售賣涼茶之外的另一個功能。

　　情況就跟現今的咖啡店相似，五十年代起，涼茶舖就是一個可讓客人以低廉的價錢消磨時光的好去處，之所以能消磨時光，全因為涼茶舖設有收音機，後來有些更加裝電視，儼然一個大眾娛樂的集散地。

[112] 這些現象難以有正規的資料紀錄，不過五十年代市民對於涼茶的需求，或者涼茶業的冒起，倒是有不少報章有描述。例如提到香港的居住問題，「單身客」的居所可能連煲涼茶的地方都沒有，或者幾個人合伙租住一個小單位，煲涼茶成了極其麻煩的事，倒是到街上飲一杯更為乾脆爽快。《華僑日報》，1955 年 7 月 14 日。

[113] 《大公報》，1951 年 8 月 16 日。

「光顧涼茶店的客人，大都以『手作仔』居多，他們在收工後，閒着無聊，常會找尋一兩個鐘頭的『精神享受』。其中一些每逢轉播『大戲』時，都買一張刊有戲曲的報紙，一便聽一便跟着曲詞慢慢的哼着，直至播唱完畢為止。該種涼茶店老闆，對此種顧客大不歡迎，緣因他們祇光顧一二毫子，而整整的佔了一晚座位。店內雖然人頭湧湧，座無虛設，但整晚收入，也不過是十元八塊，算起來還要蝕電費。」[114]

這段報導資訊非常豐富，說五十年代涼茶舖就如現今的咖啡店，恐怕也不算準確，而是除了像咖啡店之外，也像酒吧。市民下班後，會到涼茶舖打發時間，報章記者就對這種現象有詳細的記述：

「涼茶店的顧客除上述者（筆按：單身客）之外，晚間還有別一種顧客。那些顧客，到涼茶店飲涼茶並非全為『清理一下自己的腸胃』，他們到涼茶店飲涼茶，並且帶有點『嘆茶』的意味。這些顧客，以勞動者最多，他們企望着有一個較為清閒的時候，休息一下身心，以補償日間工作過分疲勞。所以，有人說『涼茶店是勞動者晚間的樂園』，實在非過譽，他們於一天辛勤之後，能夠得到一個少花錢而多享受的去處，那不是值得欣慰的嗎？

此外，涼茶店的顧客，亦有因聽收音機而來者，他們家不獨沒有收音機，而且，家中多有十伙八伙人居住者，他們到涼茶店坐坐，一方面可以舒一口氣；另方面亦可欣賞一下播音。而涼茶店本身為了迎合這等顧客（實際上，其他坐在涼茶店者對於播音

這東西不獨沒有討厭成分，而且，實有不勝歡迎之感），所以，除裝置收音機外，多還加上擴音筒使聲音更闊大。

因為涼茶的顧客多少與播音有關係，所以，當電台有甚麼『特別節目』（如特備演唱，球賽情形的轉播，故事講述等等），涼茶店不獨無插錐之地，而且，門前也會聚集好些『聽眾』呢。」[115]

所以，設有堂座的涼茶舖，五十年代開始就是一個休閒之地，而最主要的是，涼茶舖在商言商，既然涼茶是店舖必要的消費品，反而用非消費品的東西可以吸引顧客，總要投顧客之所好，所以設置收音機，後來設置電視機，例如六十年代的恭和堂，因為麗的呼聲面世，店主會張貼廣播節目表於舖內，好讓客人可以依照節目時間入座，飲涼茶之餘，收聽自己的心水節目。六十年代後期甚至個別涼茶舖設置點唱機等，就是借助大眾娛樂作招徠，這些方式所吸引的顧客，年齡層已不限於年長一代[116]。

從收音機到電視機到點唱機，這個轉變雖然毫不起眼，但卻是市民在涼茶舖原本也是被動地接收資訊（定時的廣播節目和電視節目），到主動地到涼茶舖選擇娛樂（投幣式點唱機選取喜歡的歌曲）的轉變，不難想像這也無形中加強市民光顧涼茶舖的動力。

然而，從另一角度看，這舉動也促進流行文化的散播及交流，在大氣電波開始傳送娛樂的時候，普羅市民可能因為居住

［第八章 香港涼茶的週邊文化］

[114]《工商晚報》，1954 年 11 月 23 日。
[115]《華僑日報》，1955 年 7 月 14 日。
[116]《華僑日報》，1964 年 11 月 16 日。

環境或經濟問題，而未能在家中接收即時資訊，涼茶舖就成為一個特別的場所。不難想像的一道景象，就是市民可能從涼茶舖獲取某些資訊，然後四處分享，這比起報章隔天的報導甚至更為及時，所以，五十年代起，香港流行文化的其中一條傳播鏈，涼茶舖起着關鍵作用。

此外，港九生藥涼茶商聯總會除了每年（或每兩年）舉辦選舉、聯歡、義賣、賑災、會員旅行及賀神農誕等活動外，亦曾經開辦興趣班。一九五五年十月，商會設立國術部，邀請拳師鍾浩然師傅教授七星螳螂拳[117]，該班更特別租借場地為教練場，供生藥涼茶商會會員習練之用[118]。雖然這種興趣班的記載並不多，但這是在業界本業以外的重要記錄。

一九五〇年代起，涼茶舖已然開始有革新的跡象，直至一九六〇年代後期更為普遍。在店內裝設電視機及點唱機或唱片機，稱之為「摩登化」，而這種「摩登化」的涼茶舖，到六七十年代，甚至給稱作「貧民夜總會」[119]。這種「摩登化」，亦能吸引年輕的顧客，配合當時的時裝潮流，男性顧客會梳起「飛機頭」，女性紮起孖辮，流連涼茶舖收聽收音機，於是更有「涼茶、馬尾、飛機頭」的俗語[120]。由此可見，涼茶舖除了曾經是一個傳播潮流文化的場所，涼茶本身也曾經是時尚潮流的一部分。

除了電影《涼茶、馬尾、飛機頭》是對涼茶文化的直接描述

外，在影視娛樂中也能見到涼茶舖的蹤影。如無綫電視翡翠台於一九八七年首播的劇集《季節》，就是以「泰和堂」涼茶舖為背景。二〇〇九年電視廣播有限公司劇集《搜下留情》，是以涼茶舖為背景的時裝警匪劇，劇中主角更是因為要破案而聲稱身懷涼茶秘方的臥底警員。

而內地的劇集《香港的故事》（一九九七年）中，又有主角從道姑處獲取涼茶秘方，繼而在港經營涼茶舖，據稱該種涼茶可以延年益壽云云。電視劇集每每以個別行業做背景而發展不同劇情，如警察、消防員、律師或醫護，商家如海味舖、飲食業等均是常見的劇集角色，以涼茶舖為劇集背景雖不多見，但至少是涼茶舖曾經作為大眾娛樂傳播中心之後，也可成為大眾娛樂創作的背景設定。

另外如電影《葉問：終極一戰》中，葉問與任職警員的徒弟在討論事情時，場地亦是一家涼茶舖。又如作家馬家輝的小說《龍頭鳳尾》中，其中一個角色就是一個愛流連涼茶舖的江湖人

[117] 鍾浩然，又名鍾松，1940 年代起跟隨七星螳螂拳黃漢勛宗師修習拳術。當時黃漢勛宗師在港授拳時設立機制，學員開始修習後每兩年可以參加升級考試，鍾松於 1948 年考獲初級、1950 年考獲中級，1951 年考獲高級資格試，在黃漢勛設立的機制下，原有特級試，但未有鍾松考獲特級資格的資料。參考自：黃鵬英、黃文階編：《黃漢勛先生服務國術界四十年榮休紀念特刊》，1972 年。簡單而言，每級的分別在於修習七星螳螂拳中的不同套路，從基本拳起，難度遞增，再加兵器及對打等練習，一般大概需要兩年才能修習完成和練習純熟，鍾松在 1950 至 1951 年間可以從中級考獲高級，這情況並不常見。

[118]《大公報》，1955 年 10 月 14 日。

[119]《香港工商日報》，1967 年 5 月 8 日。

[120] 1982 年更有一套港產片名為《涼茶‧馬尾‧飛機頭》，鄒文懷監製，賴建國導演，古嘉露及胡大為主演。

物。雖然電影描繪的場口是否有事實根據已難以考證，但無可否
認，如要重塑香港五六十年代的街邊風景，涼茶舖是不可或缺的
原素。

與飲食有關的產品

以收音機或電視機作吸引顧客，可能未必是良策，因為多會
成為「旺丁唔旺財」之舉，顧客可能只飲一兩杯涼茶而坐上兩三
小時，或如報章所說，涼茶舖門前聚集群眾，這些人只為了舖內
的節目而來，可能根本沒有「幫襯」，並未帶動涼茶舖的營業額。
從這個時候開始，涼茶舖的功用就逐漸轉變，關鍵在於提供的
商品。

涼茶雖是保健飲品，但也不宜過量飲用，如果每天都有大量
顧客只光顧一杯涼茶，涼茶舖得考慮其他幫補業務的方法。五十
年代開始涼茶舖需要申領牌照才可營業，牌照亦限制店舖只可售
賣涼茶，在上述的情況愈見普遍後，不少涼茶舖店家希望以小食
增加生意額。涼茶舖何時開始售賣小食，現今未見有資料或報章
記載，但至少在五十年代的紀錄中，涼茶舖應該還未兼售小食。

售賣涼茶需要領牌，售賣小食自然不會例外。香港歷來通過
規管售賣小食的牌照有很多種類，不同種類有不同的牌照，亦各
自有官方定義。這種做法始於一九五〇年代，起初為了改善個別

食肆種類的衛生情況，但仍未建立完善的牌照制度，所以就有多個不同而且「仔細」的小食牌照。這些牌照可能針對個別食物種類而設，所以在增加營業範圍時，必須留意需要申領哪種牌照，到現在仍要根據食物環境衛生署的發牌政策，即「食肆、烘製麵包餅食店、凍房、工廠食堂、食物製造廠、臨時食物製造廠、新鮮糧食店、冰凍甜點製造廠、奶品廠、燒味及鹵味店和綜合食物店均須向食物環境衛生署（食環署）申領牌照。此外，食環署又簽發許可證給某些店舖，以供售賣限制出售的食物，如非瓶裝飲料、冰凍甜點、奶類及奶類飲品、切開售賣的水果、涼茶、涼粉、壽司、刺身、不經烹煮而食用的蠔、不經烹煮而食用的肉類、活魚、介貝類水產動物、介貝類水產動物（大閘蟹），以及由售賣機出售的食物等」。

所以，現今所見的涼茶舖如果兼售食物，自然是領取了涼茶牌以外的其他牌照。涼茶舖常見（或以往常見）的小食種類很多，包括茶葉蛋、鹹甜糕點、魚肉燒賣、咖喱魚蛋、雞蛋仔等，有些涼茶舖（如許留山）慢慢擴充業務，開始售賣糖水或甜品等，就為涼茶舖開了一個新的局面。

至於跟涼茶關係較直接的，就是着重飲食健康的風氣下，市民對涼茶的認知，從其藥材及功效，擴充到對成分及營養的理解。例如糖是煲煮涼茶的必要成分，這並非純粹的調味，而是要攝取紅糖補血、砂糖清熱、冰糖滋潤等有功效。不過，現今的顧

客會以西醫營養學觀點出發，特別留意食物中糖的分量，從而計算一份食物或飲品中所含的卡路里（熱量），加上其他因素，再推斷該款飲食是否健康。

一般家庭煲煮的涼茶也有糖分，瓶裝或包裝涼茶更是有過之而無不及。生產商要在這些涼茶的包裝上清晰標示其成分及營養資料，通常市面上有售的瓶裝涼茶每枝五百毫升，營養以每一百毫升作指標，如果聲稱「低糖」，即每一百毫升不可包含多於五克糖，熱量不高於二十卡路里。

現時，美容、瘦身及纖體等概念成為主流，市民對飲食的要求，也多了一重考慮。涼茶那清熱、祛濕及排毒的功效，也跟這種潮流掛勾，所以除了預防疾病外，當臉部生暗瘡、水腫等，涼茶也是市民考慮的保健排毒飲品。加上纖體瘦身的需求，令人們

現時不少涼茶舖都會兼售食物如糖水、甜品等。

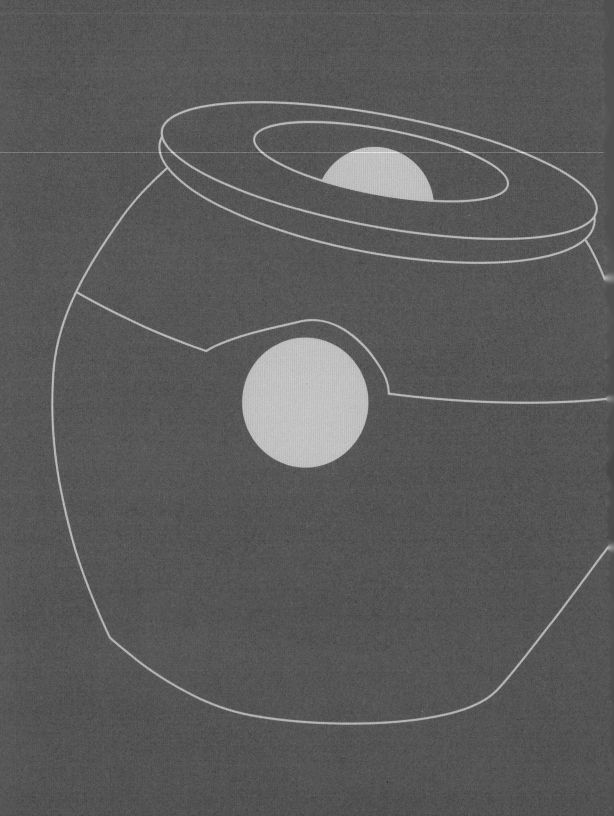

第九章

香港涼茶的傳承與開新

第九章
香港涼茶的傳承與開新

對涼茶增加一重科學的理解。

涼茶從自家煲煮、由店舖售賣水碗茶和涼茶包,到涼茶舖成為次文化場所,乃至現今成為便攜飲料及顆粒沖劑,加上四十年代製涼茶人組織商會,涼茶這物產和業界都是隨着社會及需求轉變而發展,期間一直在保留傳統與創新之間拉扯。然而,兩者是否又只存在矛盾?

以許留山、恭和堂及春和堂(單眼佬涼茶)為例,這些由單純的涼茶舖發展成著名品牌,撇開營商環境的困難(例如租金高昂、經營成本高而盈利偏低等),涼茶舖在激烈競爭下,有的恪守傳統,亦有大膽創新,在在顯示了不同的發展路向。

傳承及困難

涼茶既為商品,涼茶舖雖是小本經營,也自然要在商言商。即使涼茶獲得大眾普遍認受,而且已是生活的基本飲料之一,但在商業市場層面着實需要借助包裝帶動營銷。市面上傳統的涼茶舖多以主打一兩種產品,並加上「祖傳秘方」、「鮮製」、「真材實料」、「貨真價實」或「足料」等字眼,務求以傳統、獨家及特別等性質作招徠。

這種情況,不難發現多見於售賣龜苓膏的涼茶舖,在堅持恪

[香港非物質文化遺產系列:涼茶]

守傳統的原則下，更會試圖發掘涼茶相關的歷史和文化，如王老吉涼茶的記載，以及恭和堂對龜苓膏來源的說法，嘗試從歷史佐證這些涼茶產品的價值。從「飲杯涼茶焗一身汗」去預防疾病的「寡佬茶」，到天時暑熱飲涼茶清暑解渴，到涼茶舖成為流行文化和提供娛樂消閒的場所，再到現今以涼茶作為美容保健品等，涼茶的存在和功效，其實一直沒有改變，也沒有被忽視，轉變的是大眾對涼茶的認知、需求和解讀。

老店的經營，多受到營商環境的影響，涼茶的盈利不高。在香港要靠售賣涼茶而致富近乎不可能，不少能營運超過半世紀的老店，均是早期自置物業（自己舖），免卻租舖的壓力，才能繼續支撐下去，但其實在涼茶的行業，有一種專門的涼茶，在傳承的過程中，不得不因應外在環境而調整。

葛菜水是著名的廣東涼茶之一，有清熱、潤肺、下火及化痰等功效，可治感冒及肺熱咳嗽，適用於牙肉腫痛及睡眠不足人士，材料包括塘葛菜、龍利葉、羅漢果、無花果、蜜棗及陳皮等。現在香港仍有專門售賣葛菜水的涼茶舖，其宣傳單張所透露的葛菜水材料亦為此幾種。不過，尚有一款加入生魚一同煲煮卻不視為湯水的「生魚葛菜水」涼茶。

廣東人在長久的飲食試驗中認為塘葛菜應該用海鹽調味，而且在煲煮塘葛菜時，需要佐以海鮮或河鮮才可以「正味」及「和

經營近七十年的東莞佬涼茶。

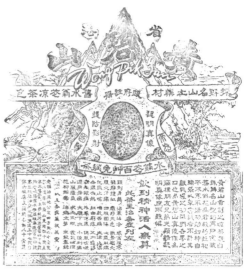

黃碧山涼茶的宣傳單張。（電板拓片）

一九六二年《大公報》報導，葛菜水如加生魚就需要領牌。

味」（即發揮到最佳的味道），所以就配以最常見的生魚。這種原本可以理解為湯水，由於這款飲料的材料配伍以清熱祛濕為目的，使金錢價值更高的魚肉成為配角，所以早期就將生魚葛菜水定性為涼茶。

這款被視為涼茶的生魚葛菜水當然會在香港的涼茶舖銷售，但到了六十年代，因為衞生署對涼茶及湯水的分類問題衍生了新的理解。根據一九六二年報章報導，當時衞生署指出，若在葛菜水中加入生魚，就超出涼茶或藥茶的範圍，視作湯水，歸入熟食品類別。如要售賣生魚葛菜水，就要申領食物牌照。衞生署又明確指出，如果在中草藥及蔬菜煎成的茶湯中，一旦加入肉類或魚類，即算作湯類熟食品 [121]。如果單為了生魚葛菜水而申領多個熟食牌，對一般涼茶舖而言可能並不划算，所以在不影響葛菜水的功效為前提下，本地的涼茶舖如要繼續售賣葛菜水，就只好捨棄生魚，單以草藥和植物類食品煲煮。

龜苓膏雖然有用到龜板，照理算是動物類藥材，但因只用到龜的甲殼，沒有用到龜肉及內臟（不含肉類蛋白質），所以龜苓膏毋需受相關法律規管。葛菜水的例子旨在點出，傳承的過程中可能會遇上不同因素，致使傳統難以堅守，要營商就必須有作出取捨的準備。

---

[121]《華僑日報》，1962 年 5 月 23 日。報導中又指出另一情況，為有涼茶檔販賣賣茅根竹蔗水，但在竹蔗水中加了白米，成為茅根竹蔗粥，則又算作熟食品，該檔販表示「落幾粒米係會佢墜火（下火）」。

創新求變

　　涼茶舖不論恪守傳統，抑或研發新產品，都旨在回應或喚起社會大眾對涼茶的需求。涼茶舖的數目一直都難以統計，即使不同年代的報章間或有指出涼茶舖成行成市，每每有數百間之多，均屬非正式統計。直至七八十年代，由於西醫普及，而且大眾普遍受西化影響，加上西醫藥物的效力比起中醫藥快，傳統中醫藥受歡迎程度大減，直接影響涼茶業的發展，不少涼茶舖甚至難以維持。[122] 於是，傳統涼茶舖需要想辦法創新求變，就得先從兩方面入手：一、舖面裝潢；二、增加產品。傳統涼茶舖那吊扇、涼茶櫃枱、涼茶壺、涼茶鼎、水碗茶，有些甚至設有百子櫃等的店面陳設，成為涼茶舖的一道標記。當然，收音機、電視機和點唱機隨着時代變遷被淘汰，傳統涼茶舖要創新就得改頭換面，改變顧客的觀感和體驗。

　　就這兩點，改變得最為明顯的涼茶舖，非許留山莫屬。在香港這種夏天炎熱的地方，要客人舒適地光顧，安裝冷氣機是不可或缺的了。至於增加產品方面，如許留山於一九九〇年代開始售賣鮮果甜點，以至鴻福堂、原味家作等連鎖店增售湯品、小食等產品，往往跟涼茶毫無關係。而除了安裝冷氣機外，另一樣就是添置雪櫃和冷飲機，將涼茶變成凍飲。

昔日涼茶舖的唱片機。（香港歷史博物館藏）

　　傳統中醫藥主張中藥最好趁熱飲用，因為在待涼的過程中，藥力可能會逐漸流失，涼茶的情況亦相類同（香港流行一組有趣的智力題，題一是甚麼食物的名稱雖然叫「熱」但可以凍食？答案是熱狗。承接：甚麼飲品需要熱飲，但又是「凍」的？答案是涼茶），最多只有「溫服」一途，就是將涼茶待至稍暖而飲，目的是減輕對腸胃的刺激，凍飲涼茶可能會加重脾胃的負擔，冰凍火麻仁更會引致肚瀉。將涼茶變成凍飲，其實已是香港涼茶業的第一次革新。

涼茶雪凍後是否仍然能保持其功效，可說莫衷一是，但不論有甚麼觀點，冰凍涼茶在九十年代起，已經逐漸成為涼茶舖必備的商品。而在可以冷凍的涼茶中，以龜苓膏、五花茶、夏枯草茶、雞骨草茶、夏桑菊及竹蔗茅根等甜茶為主，當然還有蔗水蔗汁可以冷凍，至於藥性較強的苦茶如廿四味和感冒茶，就不會冷凍飲用。

冷凍涼茶（包括顆粒沖劑）依然離不開涼茶的本宗，要說涼茶產品的創新，除了許留山推出的「龜苓爽」外，還有海天堂研發的龜苓膏軟糖。這種產品大概在二○○○年代後期推出，將龜苓膏製成軟糖，廣告以「口臭有痘痘，點算？試吓海天堂龜苓糖啦！」，即食用後會改善皮膚作招徠 [123]。這種龜苓膏軟糖，成分為：龜苓膏提取液（水、鮮葛根、鮮伏苓、仙草、鮮蘆根、鮮白茅根、龜、金銀花、白扁豆花、槐米、大棗、鱉、山藥、玉竹、桑葉、淡竹葉、雞內金、佛手、白芷、甘草及藿香）、葡萄糖漿、糖、明膠、膠凝劑（果膠）、上光劑（石蠟油、巴西棕櫚蠟）及食用香料。

龜苓膏軟糖可說是一種全新形態，使龜苓膏成為便攜的零食，這種做法甚至傳到台灣。由於龜苓膏的材料具有凝固物質，形態可塑性較高，容易製成軟糖或「龜苓爽」，至於其他涼茶又能否製成食品呢？

現今涼茶舖提供的冷凍涼茶。

二○○○年代，香港有商家研發涼茶味雪糕，小店店主自行調配火麻仁味、五花茶味及雞骨草味的雪糕，這種做法亦不限於在香港出現，東莞市的王老吉甚至在二○一九年推出「烏梅味涼茶冰棍」（雪條）。可是，這些產品似乎並未能成為主流，大概因為雪糕雪條這些「生冷食品」本身就跟涼茶互相矛盾，吃寒涼食品如雪糕、蟹、西瓜及綠豆沙等之後根本不宜喝涼茶，所以涼茶雪糕未能普及。

涼茶舖的改頭換面

至於涼茶舖店面裝潢的改變，如添置冷氣機、雪櫃及冷飲機，可說是為了配合涼茶能成為凍飲的發展，但在用具上也有一些細微的調整。最早於一九五○年頒佈的〈涼茶店衛理規則〉可

[123] 2008 年海天堂龜苓膏軟糖廣告。

171

［第九章　香港涼茶的傳承與開新］

見，申領涼茶牌照其中最重要的就是器皿的清洗及消毒。涼茶本是防治疾病的飲品，如果因為衞生問題，市民飲用後引致身體不適，這相當窒礙涼茶的發展，甚至會引起大眾對涼茶產生誤解。所以不論有關當局或者涼茶舖，對涼茶出品的衞生控制總會十分謹慎，例如規則規定，涼茶舖所有器皿不得用抹布抹乾，所以涼茶煲及涼茶碗必須在清洗後預留足夠時間風乾，才可再次使用。由於廿四味、龜苓膏等涼茶煲煮或製作需時，往往由凌晨時分就得開始製作，所以清洗器具的時間要掌握得適當。

市面上有些涼茶舖會轉用不鏽鋼涼茶壺，或者用電熱式的煲煮器具，但這些器具往往體積有限，難以應付一天的銷售，煲煮的器皿並不那麼容易更換，所以很多涼茶店就從飲用器具入手。以往所稱之「水碗茶」，就是以一碗為單位，可是，一家涼茶舖每天要準備多少數量的潔淨水碗才足夠？為了節省清潔的成本及時間，不少涼茶舖開始以紙杯代替水碗，形成一種「半外賣」的銷售模式，顧客取了涼茶後，並不需要即時飲盡再歸還水碗，而是可是即時離去，邊走邊喝。當然，大量使用紙杯會產生環保問題，這是後話。

不論水碗茶或是紙杯，只要該涼茶舖不售賣堂食的原盅龜苓膏，其實沒有需要設置座位。事實上，香港租金昂貴，涼茶盈利微薄，租舖賣涼茶根本難以維生，於是現今很多涼茶舖的舖面越來越小，如非必要也不設堂座，或者只象徵式的設三數座位。

部分家庭式經營的涼茶舖已不設堂座。

　　經過一個多世紀的發展，涼茶舖的功能也大為改變，由最初只提供預防疾病的「寡佬茶」，到五十至七十年代提供大眾娛樂，以及成為年輕人視為潮流的場所，至今又重回單純售賣涼茶的店舖，但這又並不能視作涼茶舖或涼茶業的衰落，只是因應社會需求，涼茶業亦需要在恪守傳統的前提下，不斷尋求創新與突破。

重新定義涼茶？

　　對於傳統涼茶，相信普遍市民都能如數家珍般列舉其中的種類，甚至能掌握不同涼茶的功效和性能，在不同情狀下該飲用哪種涼茶。若遇到特殊的情況，只要到涼茶舖相詢，店家也能介紹一種合適涼茶。從市民對涼茶的認識也能側面反映涼茶在生活層面的普及程度。

不過，隨着涼茶的製作及銷售模式轉變，市面上尤其是製造樽裝涼茶的商家，也研發不少傳統涼茶以外的飲品，其變化多端，但又離不開保健的本宗。無獨有偶，這些飲品又多是樽裝飲料，以下列舉幾個品牌及其「涼茶以外」的飲品以窺探行情：

清心棧

蘋果茉莉、川貝海底椰、冬蜜青蘋果茉莉、冬蜜青檸

鴻福堂

雪梨茶、咸柑桔、紫背天葵、紅豆薏米、百香果蜜、竹蔗甘筍海底椰、雪梨海底椰、川貝枇杷蜜、咸青檸、柑桔檸蜜、鮮檸蜜

健康工房

陳皮淮山綠豆露、鮮金橘薏米水、紅棗桑椹汁、高原沙棘雪杏薏米露、老陳皮川貝桔梗有機檸檬果露、百香果川貝枇杷月露、花旗蔘石斛麥冬茶、椰汁海底椰川貝雪耳露、蜜棗貝杏雪梨茶、金橘薑露、栗子奶露、化濕利水玉米鬚茶首烏芝麻茶、野生黑枸杞桑椹汁（健康工房會因應季節調配健康茶、藥膳湯水及糖水等。）

除了涼茶外，鴻福堂亦提供大量副產品吸引顧客，例如兼售滋補湯包和日常即食
餸包。

　　嚴格來說，上述的飲品都難以算作涼茶，但中藥材的範圍本身就很廣，包括動物類、植物類及礦物類，基本上只要是天然物品，在中醫藥角度而言就有藥用價值，所以商家推出的飲品，在配伍上也有講求功效的考慮。這些飲品的出現，雖然不能取代傳統涼茶，但從強調其功效的角度來看，也足以與傳統涼茶分庭抗禮，至於市民會否將這些飲品視作涼茶，就悉隨尊便了。

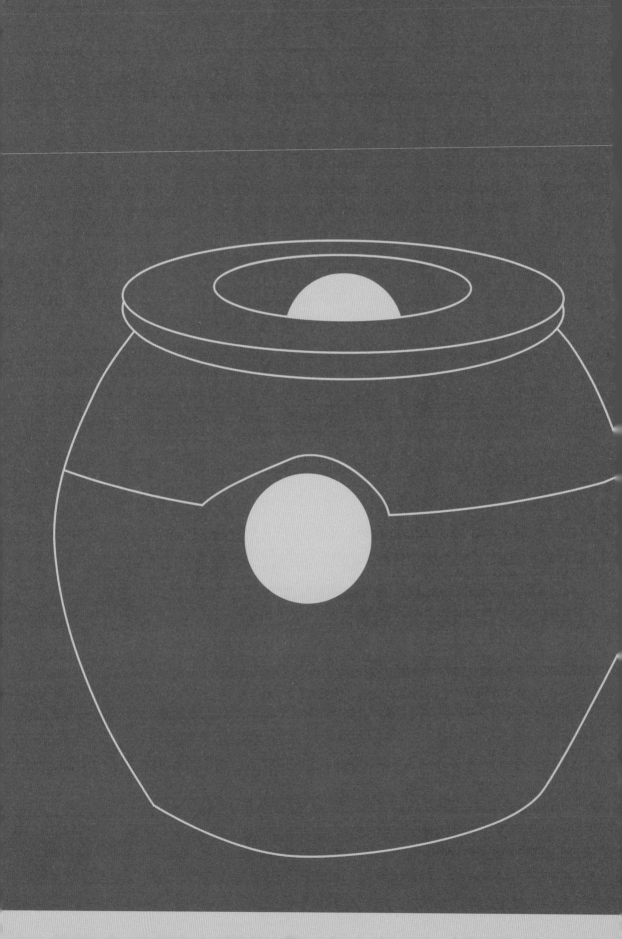

第十章

涼茶與粵港澳
非物質文化遺產

第十章
涼茶與粵港澳非物質文化遺產

香港的非物質文化遺產

聯合國教育、科學、文化組織於二〇〇三年十月十七日通過《保護非物質文化遺產公約》。保護非物質文化遺產，為的是在全球化致使文化單一化的現象下，保持不同族群、社群的獨特生活，維持文化多元，同時促進跨文化的交流，提倡對不同生活文化的尊重和認同。

非物質文化遺產指不同的社區、族群或個人的文化遺產的一部分，這些「遺產」之所以為「非物質」，因其包括但不限於實體的結果和產品，其中還包括所使用的工具和發生場所，最重要的是指該項目的生成過程，這個過程就包含相關的知識、技能、社會實踐或表現形式等。非物質文化遺產不僅強調文化的特質與內涵，更重要的是將生活技能及知識世代相傳，在社會發展的同時，這些傳統的技能或知識可以保存，這些知識技能亦可因應社會狀況而作出調整，透過周圍環境、自然和歷史的互動而不斷再創造，即使是傳統而歷史悠久，也可以活用在當今社會中。

歷來知識技能能夠承傳又可以適應時代轉變者何止千萬，所以能夠成為非物質文化遺產，該項目必於族群或社群中有一定的代表性，能夠為族群或社群提供認同感和持續感。保存和認識非

物質文化遺產，是對人類的文化多樣性和創造力的尊重。為了更容易確認及保存這些知識及技能，聯合國教科文組織將非物質文化遺產分為五大範疇，分別是：

一、口頭傳統和表現形式，包括作為非遺媒介的語言；
二、表演藝術；
三、社會實踐、儀式、節慶活動；
四、有關自然界和宇宙的知識和實踐；
五、傳統手工藝。

二〇〇三年通過《保護非物質文化遺產公約》之後，聯合國教科文組織確定締約國，並相繼與締約國簽署《公約》。二〇〇四年八月，中國確認加入《公約》，同年十一月，香港政府宣佈《公約》適用於香港。二〇〇六年四月二十日，《公約》正式生效，根據《公約》，各締約國需要在社區、群體和相關非政府組織的參與下，確認和確定境內各種非物質文化遺產項目，並以保護這些項目為前提，編製非物質文化遺產清單。

二〇〇八年，政府成立非物質文化遺產諮詢委員會，籌劃全港性的非遺普查工作。二〇〇九年八月委員會委聘香港科技大學華南研究中心進行全港性非物質文化遺產普查，直至二〇一三年，普查工作完成，經過公眾諮詢後，香港首份非物質文化遺產清單於二〇一四年六月公布，總數收錄四百八十個非遺項目。

涼茶作為非物質文化遺產

二〇〇六年，由粵、港、澳三地公同申報後，涼茶列入第一批國家級非遺代表性項目名錄，因此涼茶是香港最早期的非物質文化遺產項目之一（另一項是粵劇），比起香港公佈非遺清單更早。在非遺五大範疇中，香港將涼茶歸入「有關自然界和宇宙的知識和實踐」類，這範疇的意思是，人類在生活中所習得（或歸納得來）的知識、技術、實踐和表現是跟自然界和宇宙有直接關聯，亦即是人與自然及宇宙所產生的關係。這種關係透過語言、文字、口述傳統、感受、回憶、靈性以至世界觀來呈現，同時影響一地的文化、信念及價值。

因此，這範疇所包括的項目，通常是指定地區人士對於其居住地的認識而產生種種行為、認知、習慣、習俗、禮儀、藝術以及曆法等。在全球化的影響下，迅速城市化令人類減少與大自然的接觸，科技的發展亦令不少傳統生活智慧顯得過時、落伍或不實用，人與自然和宇宙所建立關係而得來的知識與實踐，不少均受到被消滅、遺忘及沒落的威脅，如果失去這些東西，或許對人類的都市生活不致構成嚴重影響，但就明顯消除文化的多元性。

在香港四百八十項非物質文化遺產中，「有關自然界和宇宙的知識和實踐」的範疇因涉及龐大而複雜的經驗歸納，一時難以藉籠統方式記錄總結，故入選數量較少，但相信透過持續研究和

整理，這部分的非遺項目會陸續增加。截至二〇二一年十二月，香港共有六項非遺項目入選，分別是：

傳統中醫藥（分三項）：
■ 涼茶（國家級非物質文化遺產名錄）
■ 蛇酒
■ 跌打
漁民有關自然界和宇宙的知識
傳統玉石知識
傳統曆法

涼茶早在二〇〇六年已列入國家級非物質文化遺產名錄，所以二〇一七年就自動成為「香港非物質文化遺產代表作名錄」項目之一。涼茶歸入「有關自然界和宇宙的知識和實踐」範疇，正正是嶺南地區人士對於身處地方的認識，這裏的氣候如何影響身體？身體如何呈現這些影響？而最重要的是同時可以在身處的地方找到解決的方法：就是以中醫藥的概念認識植物，以植物（為主）做藥材，祛除氣候因素引致的「濕氣」和「熱氣」。這種知識必須經過長期反覆試驗，才慢慢發展成一種知識，然後成為這個地區特有（以及需要）的習慣和行為，並世代流傳下來，再因應社會的需要和轉變，構成一道獨特的發展脈絡，可見「有關自然界和宇宙的知識和實踐」的範疇具有強烈的地域性，而涼茶文化正孕育自嶺南地區獨特有的生態環境。

當然，涼茶的地位曾受到挑戰，例如一九七〇年代後本地西醫藥治療成為主流後，因涼茶的療程時間與功效不及西藥便捷，以致有不良的商人在涼茶中溝入西藥以「增強功效」的醜聞，可幸只是少數個案。時至今日，涼茶舖及涼茶業已不如六十年代般興盛，但香港市民仍然認為，涼茶是日常生活中的保健飲品，其防治疾病的功效，加上價錢相宜，沒有其他東西可以取代。

粵港澳非物質文化遺產

當年由粵、港、澳三地政府共同將涼茶申報成為國家級非物質文化遺產，這些地方同在嶺南地區，均承傳嶺南傳統醫藥文化，涼茶在這些地方亦已有悠久歷史。由三地政府共同申報，一方面體現了嶺南地區涼茶文化的共性，另一方面，三地關於涼茶的文化內涵和展現又各有差異，反而成就三地的涼茶業發揮互相補足的關係。根據「中國非物質文化遺產網」所述：

「涼茶是粵、港、澳地區人民根據當地的氣候、水土特徵，在長期預防疾病與保健的過程中，以中醫養生理論為指導，以中草藥為原料，食用、總結出的一種具有清熱解毒、生津止渴、祛火除濕等功效，伴隨人們日常生活的飲料。它有特定的術語指導人們日常飲用，既無劑量限制，也無需醫生指導。

　　公元三〇六年，東晉道學醫藥家葛洪南來嶺南，由於當時瘴癘流行，他得以悉心研究嶺南各種溫病醫藥。葛洪所遺下的醫學專著《肘後救卒方》以及後世嶺南溫派醫家總結勞動人民長期防治疾病過程中的豐富經驗，形成了嶺南文化底蘊深厚的涼茶，其配方、術語世代相傳。關於涼茶的歷史典故、民間傳說在嶺南和海外廣為流傳，經久不衰。數百年來，林立於廣東、香港、澳門的涼茶舖，形成一條嶺南文化的獨特風景線。

　　涼茶配製技藝以家族世襲傳承下來，已有數百年歷史。『文革』中，涼茶文化雖遭到了嚴重破壞，不僅涼茶舖關門，有關涼茶的製作器具、遺址、遺跡、史料、照片等文物也所剩無幾，但其在港、澳地區仍歷久不衰。王老吉、上清飲、健生堂、鄧老、白雲山、黃振龍、徐其修、春和堂、金葫蘆、星群、潤心堂、沙溪、李氏、清心堂、杏林春、寶慶堂等十六個涼茶品牌的五十四個配方及其所構成的涼茶文化得到了民眾的廣泛認可。

　　涼茶文化的悠久歷史和廣泛的民間性、公認的有效性、嚴格的傳承性及巨大的後發效應，使其成為世界飲料的一匹『黑馬』。目前，涼茶產量已達二百萬噸（包含港、澳地區），銷售範圍已覆蓋全國及美國、加拿大、法國、英國、意大利、德國、澳大利亞、新西蘭等近二十個國家。在產業高速發展的今天，作為中華飲食文化的組成部分，保護和發揚涼茶文化具有一定的現實意義。」[124]

[124] 中國非物質文化遺產網：ihchina.cn ，由中華人民共和國文化和旅遊部主管，中國藝術研究院及中國非物質文化遺產保護中心主辦。引文中提到的鄧老、上清飲、黃振龍、白雲山及金葫蘆等均是廣東省內著名的涼茶寶號，而且亦相繼推出樽裝涼茶、盒裝或顆粒沖劑等涼茶產品。

采芝堂

香港歷史博物館中有關涼茶文化的展廳。

非遺中心內的電子介紹資料中也包括涼茶項目。

涼茶在廣東省的歷史，早有古籍記錄。在香港至少經歷逾百年的發展。至於澳門方面，雖無準確的起源紀錄，但根據一九五八年《澳門年鑑》所載「生藥涼茶」一條，澳門當年就有二十八家涼茶舖、過百家涼茶檔，而當時的澳門人口僅約十五萬，顯見涼茶在五十年代的澳門已是市民日常的飲料。不過，二〇二一年澳門政府通過《中藥藥事活動及中成藥註冊法》，對中醫及藥材進行規管，雖然涼茶由藥材煲製但考慮其特殊性質，只要涼茶舖出售產品時不標榜其預防及防治疾病的功效，就視為「非藥物」的功能性飲料及食品，另由《食安法》監管。[125]

　　過去百多年，涼茶由傳統水碗茶進化至顆粒沖劑、軟糖甚至雪糕等，無論涼茶產品如何發展和改變，只要脫離自家煲煮而成為商品，就得受政府規管和市場需求影響。涼茶雖然是粵、港、澳三地的非物質文化遺產，值得注意的是，在香港是列入「有關自然界和宇宙的知識和實踐」的範疇；在廣東省和澳門則分別歸入「傳統技藝」和「傳統手工藝技能」的範疇。傳統手工藝顧名思義是着重一種產品的製作過程，包括製作工具、用具與製造場所，以及製作過程的專門技術與步驟。涼茶既是中醫藥知識的一種表達，其製作自是包含一定的理論及實踐，由用料、火候、器具到製成品，均有特定的要求及面貌。這方面，三地的情況是大致相同的。

不過，在保育的方法上，非遺項目歸入不同範疇就會有不同的處理方法。香港的歸類較着重涼茶的理論和實踐，故涼茶相關研發產品也可計算在內，這有助對涼茶知識與應用的更深廣和持續探索；澳門的《非物質文化遺產名錄》中則標明「涼茶配製」，[126] 即注重涼茶的藥材配伍與製作過程，較重視對傳統的保育和傳承；在廣東省，則在非遺項目外，選出「國家級非物質文化遺產代表性項目代表性傳承人」（非遺傳承人），藉着傳承人的影響力，做好非遺項目的記錄、推廣和教導工作。[127]

香港與廣東省和澳門對於涼茶劃入非遺不同範疇，反映了涼茶在三地的不同發展脈絡。正如本書所述，涼茶的藥材本是就地取材，為解決嶺南地區獨有的氣候對人體的影響而給「發明」，因此，從技藝及知識層面上說，涼茶的基本定義是以炮製過的草本藥材（龜苓膏為特例），經過配伍而煲煮出來，有清熱祛濕解毒的保健飲品，所以涼茶業內的人認為蔗汁只屬飲品，而不是涼茶。雖然是複方，但涼茶無定方也是一個特質，廿四味、五花茶等均無指定的配方，只要用藥得宜，不同涼茶舖就可煲煮同名而不同方的涼茶。這特質也為香港涼茶帶來其獨特之處。

[125] 《澳門日報》，2021 年 1 月 30 日。

[126] 澳門政府先制定《非物質文化遺產清單》，從中選取具有重要價值、社會影響力較大及保護狀況良好的項目列入《非物質文化遺產名錄》。截至 2020 年 6 月，共 70 項列入、12 項刊入《名錄》，「涼茶配製」屬其中一項。

[127] 2008 年 5 月 14 日，中國文化部發佈《國家級非物質文化遺產項目代表性傳承人認定與管理暫行辦法》。直至 2019 年 12 月 10 日，再頒佈《國家級非物質文化遺產代表性傳承人認定與管理辦法》，並於 2020 年 3 月 1 日正式施行。而涼茶項目的非遺傳承人為香雪製藥股份有限公司董事長王永輝先生，他在 2017 年 12 月 28 日入選第五批國家級非物質文化遺產代表性項目代表性傳承人推薦名單。

現今常用的涼茶藥材，個別是從外地入口，如雞蛋花產自中美洲、露兜簕產自印度、有些則是在中國不同地區所產，不限於嶺南地區的「廣藥」，如夏枯草於北方培植、金銀花是河南或河北所產，屬「懷藥」及「北藥」；甘草是西北地區產的「西藥」等。這就有賴於香港多年來均有來自世界各地產品的貿易。當有新草本植物輸入，從中藥學的角度歸納其性味及無毒，個別製涼茶人就可憑其知識及經驗，將新來的藥材用以煲煮涼茶，以致香港的涼茶用料不限於嶺南地區的物種。

　　醫書古籍沒有明確記載涼茶，最多只有「涼藥」等字眼。自明清之後，雖然涼茶仍不記載於醫典，但已累積了長期經驗，甚至可說有廣泛應用數據。直到二十世紀的香港，這些經驗從涼茶行業中呈現出來，以致不同產地的物種亦能加以應用，故涼茶在香港而言，並非單單是一種傳統手工藝，而是對自然界的認識而衍生的實踐。

　　不論「傳統技藝」或「與自然界和宇宙的知識和實踐」，涼茶成為非物質文化遺產，可說當之無愧。即使社會發展，科技一日千里，嶺南地區的先天條件不變，氣候仍然會為人體帶來「濕氣」和「熱氣」，涼茶就仍舊起着「清熱祛濕」的效用，並因着居民的持續實踐，繼續增進對涼茶應用的理解和經驗累積，同時帶動涼茶文化的持續發展。

參考文獻及書目

古籍：

宋・太醫局編：《太平惠民和濟局方》

元・沙門繼洪：《嶺南衛生方》

明・張介賓：《本草正》

明・李時珍：《本草綱目》

清・趙學敏：《陸川本草》

清・王崇熙：《新安縣志》

清・黃宮繡：《本草求源》

清・王士雄參訂：《醫碥》

清・吳綺：《嶺南風物記》

書目：

蕭步丹：《嶺南採藥錄》。民國二十一年。

廣東中醫研究所、華南植物研究所合編：《嶺南草藥志》。上海：上海科學技術出版社。1961 年。

徐子真：《生草藥實用撮要》。香港。1963 年。

黃鵬英、黃文階：《黃漢勛先生服務國術界四十年榮休紀念特刊》。香港。1972 年。

《生草藥性備要》。醫學研究社。

王健儀：《創業垂統》（第二版）。香港：王老吉涼茶庄。1987 年。

莊兆祥、李甯漢、劉啟文主編：《香港中草藥》（一至八輯）。香港：商務印書館（香港）有限公司。1997 年。

謝永光：《香港中醫藥史話》。香港：三聯書店（香港）有限公司。1998 年。

江潤祥：《香港草藥與涼茶》。香港：商務印書館（香港）有限公司。2000 年。

劉智鵬、劉蜀永編：《《新安縣志》香港史料選》。香港：和平圖書有限公司。2007 年。

朱鋼：《草木甘涼 —— 廣東涼茶》。廣州：廣東教育出版社。2010 年。

佘自強：《涼茶天書》。香港：海濱圖書公司。2011 年。

陳瑋：《上火的涼茶：解密加多寶和王老吉的營銷之戰》。杭州：浙江大學出版社。2013 年。

李甯漢、鄭金順編：《行山看草藥：香港十段草藥路徑》。香港：商務印書館。
2013 年。

李甯漢、劉啟文主編：《香港中草藥大全》。香港：商務印書館（香港）有限
公司。2014 年。

蔡華文編：《圖說廣東涼茶》。香港：萬里機構，得利書局。2017 年。

歷年《香港年鑑》。香港：華僑日報有限公司。

鳴 謝

(排名按繁體字筆劃)

任勉之醫師　　　三樂涼茶　　　　香港非物質文化遺產辦事處
李甯漢教授　　　中華書局　　　　香港南北行以義堂商會
李澤恩先生　　　中藥聯商會　　　香港德信行有限公司
林偉正先生　　　王老吉　　　　　香港參茸藥材寶壽堂商會
吳紀嬅女士　　　公利真料竹蔗水　香港歷史研究社
張銀燕女士　　　永定堂　　　　　春回堂
溫子祺先生　　　安定堂　　　　　健康工房
黃駿先生　　　　周家園涼茶　　　恭和堂
黃毅英教授　　　忠和堂　　　　　許留山
劉國偉先生　　　東莞涼茶佬　　　程尋香港
謝寶達先生　　　香港史學會　　　葉香留
蕭國健教授　　　香港青年協會　　養和堂
　　　　　　　　　　　　　　　　鴻福堂

後記

　　一直以來，論及涼茶，或以中醫藥效能出發，或集中記錄製作技藝等，偶有觸及相關文化者，亦屬點到即止。而對於涼茶如何由尋常的家庭飲料演化為地道商品，並衍生行業生態和流行文化等，均未見系統論述，甚為可惜。

　　年前，以整理香港中醫藥歷史之因緣，廣泛結識業界前輩，對中藥之系統流派及行業運作，略有掌握。繼蒙香港非物質文化遺產辦事處支持，開展對本地涼茶文化之研究計劃。經兩年時間，撰成本書。

　　全書以「有關自然界和宇宙的知識和實踐」為核心，探討涼茶源流、物種配伍、商品貿易、營銷規管及週邊文化等內容。呈現涼茶文化那種既傳統又創新的特質，同時突顯香港社會與涼茶文化之間的微妙互動關係。

　　是次研究暨出版計劃，蒙非物質文化遺產計劃的「伙伴合作項目」資助，又得到業界領袖支持，惠予各種便利，在此致以由衷謝忱。藉着本書的面世，已對香港涼茶文化作了基本疏理，略見小成。寄望諸君承此之便，持續探究，發掘中華醫藥與飲食文化更深遠寬廣的內涵。傳承歷史，推廣文化，有厚望焉。

鄧家宙 敬識

［後記］

香港非物質文化遺產系列

涼茶

鄧家宙　著

責任編輯	梁嘉俊
版式設計	黃梓茵
排　版	時　潔
印　務	劉漢舉

出　版
非凡出版
香港北角英皇道 499 號北角工業大廈一樓 B
電話：（852）2137 2338
傳真：（852）2713 8202
電子郵件：info@chunghwabook.com.hk
網址：http://www.chunghwabook.com.hk

發　行
香港聯合書刊物流有限公司
香港新界荃灣德士古道 220-248 號荃灣工業中心 16 樓
電話：（852）2150 2100
傳真：（852）2407 3062
電子郵件：info@suplogistics.com.hk

印　刷
美雅印刷製本有限公司
香港觀塘榮業街六號海濱工業大廈四樓 A 室

版　次
2022 年 6 月初版
©2022 非凡出版

規　格
大 16 開（287mm x 178mm）

ISBN
978-988-8807-13-0